農と食の王国シリーズ

そば&まちづくり

版編集

はしがき

植物としての「そば」（注1）は冷涼な気候で、水はけのよい土地に適しており、除草や害虫駆除にもあまり手間がかからないので栽培しやすい。中国が原産地とされるが、古くから世界各地で採取され、穀物の一種として食されてきた。

日本では九〇〇〇年前の縄文遺跡から「そばの花粉」が見つかっている。　しかし、当時は石臼もなかったので、そのまま煮たり、焼いたりして食べていたのであろう。

奈良・平安時代には石臼で粉にすることはできるようになったので、そば団子やそば焼きのようなものとして食していたと考えられる。

現在のような麺のかたちの「そば切り」が出来たのは江戸時代中期頃だといわれている。このそばは、安くて、早くて、うまく、健康にも良いという事から、たちまち江戸

（注１）「そば」は植物をさすときは「ソバ」、麺類をさす場合は「蕎麦」と記されることが多いが、本書では簡単のため、両方を合わせて「そば」と表記する。

っ子に大人気となった。京・大阪への対抗意識や精神性の加わった「道」ともつながり、そのつくり方、食べ方まで「粋」を求めるようになった。

今でも都市の中高年を中心に、そばへのこだわりをもった人が多く、それが奥深い食文化となっている。

そのようなこともあって、そばについての書物は多種多様なものが発刊されている。そのような中で、「なぜ今更そばか？」とお思いの方もいるかもしれないが、日本の食文化を体系的に追求したいという立場からは、どうしても避けて通れないとの思いから、今回、「そば」をテーマに取り上げることにした。

しかし、せっかく取り上げるのだから、他のモノとは少し違ったテイストにしたいとの思いは強い。その際、そばの原点からはじめ、その歴史・文化を探るとともに、その栽培、料理の仕方、店の展開などを、まちづくりや地域おこしと結びつけて考察したい。そのことをはっきりさせるため、本書の表題を『そば&まちづくり』とした。そのため、そばをまちづくりや地域おこしと関連させて活動している色々な事例を紹介し、そこで活躍する人物にも焦点をあててみたい。また、先に発行した「山菜王国」や「海藻王国」とも関係づけるため「農と食の王国シリーズ」にした。それらを合わせて、今後の国際商品としてのそばの位置づけも明確にしたい。

なお、本書については、大のそば好きで、思い入れのある様々な方々の協力で作り上げたものである。

エコハ出版代表

鈴木克也

目　次

第1章　そばの魅力

エコハ出版

鈴木克也

生命力のあるそば

そばはタデ科ソバ属の一年生植物である。全国各地で栽培されており、だれでも日常的に食しているので、日頃はその価値を意識しないが、改めて考えてみると、日本独特の奥深い食文化であることが分かる。

本章では、そばの魅力を全体的に概観するが、植物としてのそば自体が強い生命力を持っていることが大きな魅力である。環境適応力があり、害虫にも強いため、肥料や農薬などはほとんど必要としない。冷涼な土地や高地の斜

ソバの花

面でも栽培が可能である。種まきから収穫まで約七十五日と短かいにもかかわらず、花の咲いている期間は一ヵ月もあり、見事な景観も楽しめる。栽培における人手もあまり必要ない。その分、米や小麦と比べて単位面積当たり収穫量が少ないという問題があったが、これについては最近の品種改良によって若干は改善されつつある。

長い歴史をもつ日本独特の食文化

そばは世界中で栽培されているが、日本でも縄文時代の採集に始まり、長い栽培の歴史がある。奈良時代には天正天皇がそばの栽培を推奨したという記録もある。しかし、どちらかというと、飢饉の時などに人の生命をつなぐための雑穀として位置づけられていた。

室町時代には今のような麺状の「そば切り」もあらわれているが、これは寺の精進料理として食されたり、季節行事や接客

蕎麦全書伝

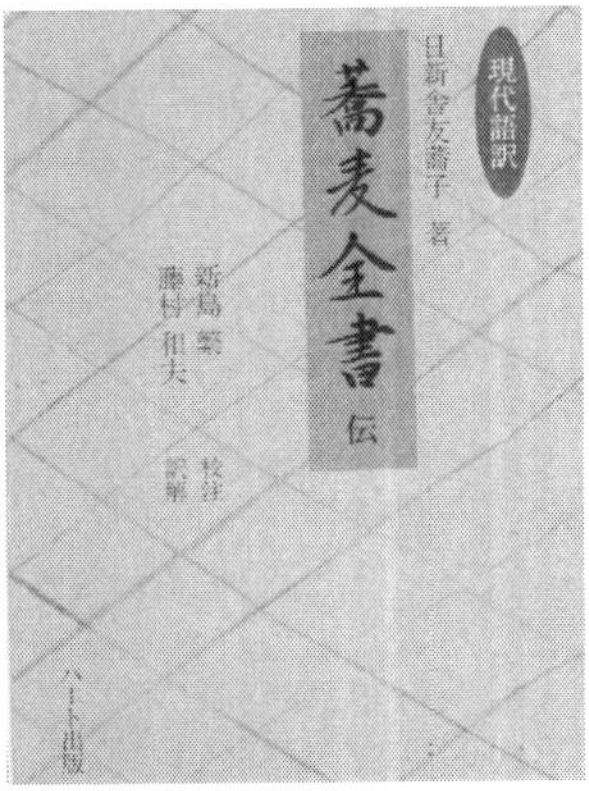

のための「振舞い料理」として部分的に利用されてきた。

「そば切り」が独自の食文化として花開いたのは江戸時代中期からであったと伝えられている。それ以前には江戸でも、上方のうどんが普及していたが、大工などの職人が多かった「江戸っ子」にとって、「はやくて」「やすくて」「うまい」そばが肌に合い一挙に普及することになる。

町ごとにそば屋（今の居酒屋のようなもの）や屋台などができ、庶民が気軽にそばを楽しむことができるようになった。そこに日本独特の作法が加わり、「そば道」ともいわれる独得の食文化が生まれた。このそばは小説や落語、歌舞伎などでもとり上げられ、全体としてそば文化といえるものになった。それは今でも残っており、人々の食生活を豊かにする非常に大切なものとなっている。

健康や美容によい

そばにはビタミンＢ群が多量に含まれており、脚気などへの効果が大きい。江戸時代にそばが流行した一つの理由として、江戸病ともいわれた脚気に効いたということがある。

アミノ酸もバランスよく含まれており、ルチンなどは血液をさらさらにし、動脈硬化の防止にも役立つ。もっと注目されるのは、ポリフェノールの一種であるルチンが活性酸素を抑え、がん予防の効果をもつということである。そのほかにも、食物繊維が多く、カロリーが少ないので、ダイエットや美容には効果的で、最近は女性にも人気となっている。

地域おこし・まちづくりとの関係

そばは全国で栽培されているが、その品種、そばの打ち方、切り方などによって、各地でちがいがあり、それぞれ独自の特徴をもっている。

古くからある料理法や料理の提供の仕方、合わせて食べる添え物（そば料理）や地酒などを組み合わせると、各地で独得なものが生まれる。各地には老舗とも呼ばれる名物店があり、長い伝統に基づく独特の雰囲気を持っている。このそば店が「地域ブランド」になっている。旅人たちが地方へ出かけたときの大きな楽しみとなる。特色をもったそば店が街道に並ぶ「そば街道」、地域ごとのそばの打ち方を体験できる「そば道場」、ちがった種類のそばを食べ歩く「そばラリー」、地域ごとの新そばをめでる「そばまつり」などは地域活性化に大きな効果がある。

これらのイベントや様々なまちづくりは自然発生的にできたものではなく、それらの裏には、そば農家、そば屋の店主・職人のほか、地域でのそばの愛好家、そば関連の専門家、地方自治体の職員など、多

新そばまつり

くの人々の連帯や連携があり、そこには活動の苦労話や盛り上がった時の喜びなどのいろいろな物語がある。本書では特に、そばに関連した地域における人物の地域おこしやまちづくりの活動に焦点を当てる。

そばを楽しむ文化

そばは我々に身近な存在であるが、実に多様で奥深いものである。「地域のブランド」ともなっているそば専門店にしても一〇〇年以上の歴史を持つ老舗店舗があり、それぞれが独特の存在感を示している。そこでそばを食することが地域性や伝統を支えてきた人物たちを肌で感じることでもある。

逆に、新しいそば店が開業した時にはどのような人物がどのような思いで、これをはじめたのかに興味がわく。

そばとまちづくりの取組み

ソバで地域おこし

美馬の主婦ら団体設立

種まき体験や花まつり計画

そばは単純なように見えても、そこにはそばの品種、打ち方、料理の出し方、容器へのこだわり、店全体の雰囲気など、実に多様であり、何回食べても飽きることがない。親しい人と、ゆっくりとそばを味わい、「そば談義」をするのも面白い。

その際にもそばに関する様々な知識や体験があった方が良い。最近はインターネットなどでの情報発信も容易となっているが、そこを単なる知名度のアップや、ランキング競争の場とするのではなく、店の歴史や文化、店主の思い等を伝える場と考えたい。

もう一つ、そばを愛好する消費者のなかでも、単にそばを食するだけではなく、自らそばを栽培したり、容器を整えてそばの手打ちをする人もいる。このような人はまさに「生産消費者（プロシューマー）」でありそば文化を支える大きな力になっている。また、アマチュアで手打ち技術を身に着けた人の中から実際にそば店を開店する人もいる。これらの新しい店は

そば打ち

「そば店のニューウエーブ」とも呼ばれている。

いずれにしても、そば文化は農家やそば屋などの供給者だけがつくりだすのではなく、それを味わい楽しむ消費者が一緒になってつくり出すものである。

国際的な視点での把握

いま、日本食が国際的に見直され、ブームのような状況になっている。しかし、これは一時的なものではなく、日本独自の食文化として持続的に伝える必要がある。このうまさ、ヘルシーさ、やすさ、はやさなど、奥深い「そば文化」は十分、国際的価値をもつものと思われる。

これらを全体として情報発信し、世界にそのファンを拡げることができれば、全体としての日本人理解にも役立つはずである。

第2章
地域ブランドとしてのそば

エコハ出版
編集部

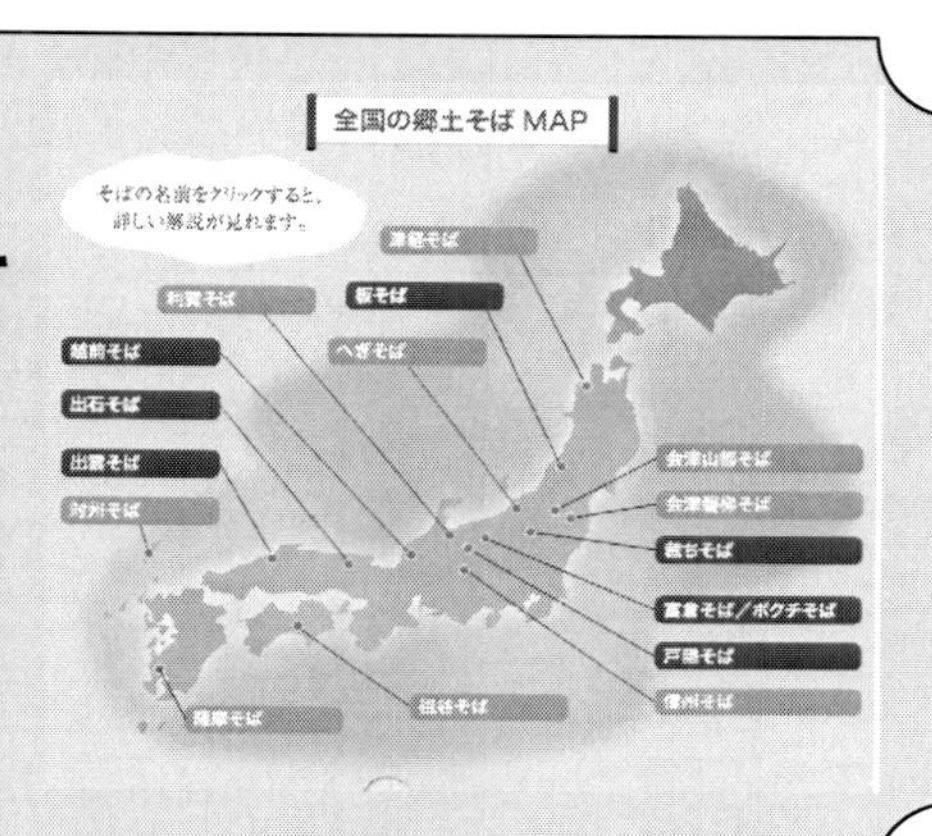

地域の「名物そば」

そばには他の作物のような厳密な品種管理はないが、気候や土壌、もちこまれた歴史によって差があるし、それが人々の生活の中でどのように位置付けられ、育てられたのかによる文化的な差も大きい。料理の仕方、料理の出し方、つけ汁や薬味の違いなど各地で独特なものがある。各地の名物店ともいわれるそば店の雰囲気や店主のこだわりも面白い。これらをまとめて「地域の名物そば」と称する。（注１）

これらが全体として地域文化を形成し、「地域ブランド」ともなっている。（注２）どこにでもあり、比較的安価で気軽に食せるので、地方を旅する人たちにとっては限りのない楽しみとなっている。

（注１）できれば「郷土そば」と称したいところだが、先人によるとこれは料理方法に限定して使われている。ここでは料理の提供の仕方、食べ方まで含めた広い範囲で使いたいので「地域の名物そば」とした。

（注２）地域ブランドとは個別産品や個別サービスだけでなくその存在が総合的な存在感となっている場合をいう。

江戸時代から、全国各地にはそばの特産地があり、名物そば店があった。江戸時代後期に書かれた『蕎麦全書』でもそのことが垣間見られるのでそれを一覧表にしておこう。（図表２―１）

また図表２-２には現在における各地の「名物そば」をリストアップし、そのいくつかについてその特徴をみたい。

図表2-1　江戸時代のそば特産地

信州（長野県）	諏訪、木曽福崎辺
野州（栃木県）	
甲州（山梨県）	吉田辺
相州（神奈川県）	大山辺、鎌倉辺
常州（茨城県）	水戸　辺
奥州（東北）	南部辺（青森、秋田、岩手）
濃州（愛知県）	大垣辺
武州（東京都）	深大寺、四ツ谷辺、目黒辺
上総州（千葉県）	葛西辺
江州（滋賀県）	竹島辺
遠州（静岡県）	秋葉辺

（出所）一般社団法人全麺協ホームページ

図表2－2　各地の名物そば

都道府県	名物そば
北海道	釧路・幌加内そば
青森	夏井田そば・白神そば・津軽そば
岩手	わんこそば
秋田	石川そば・西馬音内そば
山形	板そば・紅花そば・冷たい肉そば・山形そば・天童そば
福島	栽培そば・山都そば・高遠そば・会津そば
茨城	含砂郷そば・久慈そば・けんちんそば
栃木	今市そば・出流そば・仙沼そば・栗山そば
群馬	岡屋敷そば
埼玉	秩父そば
千葉	甚兵衛そば・鰯そば
東京	深大寺そば・とろろそば・あられそば
神奈川	秦野そば
新潟	べきそば・小千谷そば・十日町そば・しらうおそば・大崎そば
富山	利賀そば
石川	門残そば・鳥越そば・林そば・小木そば
福井	越前おろしそば・今庄そば・大野そば・美山そば
長野	凍りそば・柏原そば・唐沢そば・すんきそば・寒晒しそば・行者そば・富倉そば・須賀川そば・開田そば・戸隠そば・霧下そば・善光寺門前そば・高遠そば・本山そば・とうじそば・天神そば・安曇野そば・早そば・変わりそば・雪割そば・更科そば・松本そば・八ヶ岳そば・木曽そば・赤そば・川路そば・きじそば
岐阜	荘川そば・白川そば・飛騨そば
山梨	御岳そば
静岡	茶そば・天竜そば・あつもりそば
滋賀	日吉そば・箱館そば
京都	犬甘野・筒川そば・にしんそば・茶そば
兵庫	出石そば・水沢寺そば・えきそば
奈良	高野そば
岡山	豊平そば
島根	出雲そば・割りそば・三瓶そば・隠岐そば・第千そば
鳥取	釜揚げそば
山口	山口かわらそば
徳島	祖谷そば
高知	立川そば
福岡	弁城そば
佐賀	三瀬そば
長崎	対馬そば
熊本	阿蘇そば
大分	豊後高田そば
宮崎	新富そば・椎葉そば
鹿児島	小浦そば・薩摩そば・出水そば
沖縄	沖縄そば

（出所各種資料より作成）

北海道そば

北海道は国産そばの約四〇％を供給する「そば王国」である。明治になって全国各地から入植した開拓団が、そばを持ち込み、この地域に定着させたものである。

特に、旭川に近い幌加内は東北や北陸からの開拓団が、そば栽培に本格的に取り組んだという歴史がある。（第３章参照）

そばの産地としての北海道の特徴は「キタワセソバ」に代表されるように、本州各地と比べて、収穫時期が早いことである。本州のそばは八月に種をまき、九月末から十月に収穫する「秋そば」が中心であるが、北海道では一カ月以上収穫が早い。北海道そばは味がさっぱりしていて、清涼感があるというファンも多い。今回の取材では都市別のそば栽培日本一の幌加内を訪問し、「新そば祭り」にも参加した。

北海道でもう一つ特徴的なのは「だったんそば」である。これは、中国雲南省の原種ともいわれているもので、にが味があることもあって当初はあまり普及しなか

北海道そば

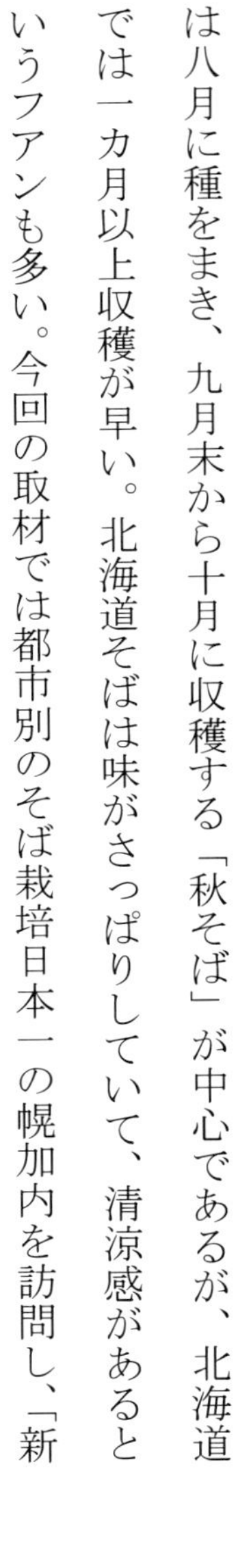

ったが、ポリフェノールの一種であるルチンが普通そばの一〇〇倍も含まれていることがわかり、急速な普及が進んでいる。それを推進した関係者の努力はまさに地域おこしに値する。（第3章―3参照）

山形の板そば

山形県の内陸部はたばこ栽培の裏作としてそばが栽培されていたが、それを自宅で手打ちし、手料理とともに客に振舞うという風習があった。簡単に出せ、何人もの人が団欒するには「板そば」の形がよいというので板の盆に盛って出される。そばの品種は地区によってまちまちだが、そばの実を丸ごと石臼にかけて、太目に切っている。

その素朴な風味がよいということで、仙台をはじめ県外からも客が集まりだしたので、農家が自宅を改造したそば店が街道に集中することになったので、これを一括して「山形そば街道」と称するようになった。

山形県にはこのような「そば街道」が二〇数ヵ所あり、それぞれがゆ

山形板そば

るやかに連携するという特徴あるシステムとなっている。

各専門店や「そば街道」が連携することによって、仙台はじめ県外から多くのそばファンが集まり、地域に大きな経済効果をもたらしている。それだけではなく、地域の後継者育成や共同のPRなどの活動自体が地域活性化になっている。本書では、そばを通した地域おこしやまちづくりに焦点を当てているが、その典型的なモデルとして位置づけられる。取材の結果は第4章にまとめる。

信州そば

信州（長野県）は山地が多く、米作には適していないが、そばの産地としては昔から筆頭にあげられてきた。また「そば切り発祥の地」としても知られる。

歴史的にはこのそばは江戸に持ち込まれ、江戸のそば文化を支えたとされる。

また、幕府による藩主の城替えの際に藩主がそば職人を連れて行

信州戸隠そば

ったことからそばの産地が全国に拡がったとされる。島根の出雲そば・福井の駅伝そば・福島の高遠そばなどはその例である。

しかし、「信州そば」は総称であり、各地ではそれぞれ違った名称と特徴をもっている。信州そばのロゴは商標登録されているが、それ自体は「地域ブランド」といえるかどうか微妙である。

各地のそばは図表2-2にあげたリストの通りであるが、その中でも「戸隠そば」は全国的にも有名である。もともとは山岳修行者が食していたもので、門前そばのさきがけである。また、全国的にも有名な「更科そば」は、そばの一番粉を使うことにより、色が白く香りや味が生きていることに特色がある。全国的に有名なそばの老舗「更科」はこの信州が発祥の地である。

（補足）

信州の伊那地域で地元のダイコンおろしの汁と醤油や焼き味噌で味つけられた特徴のあるそばである。藩主の保科氏が会津若松に城替えとなったとき、そば職人を連れて行ったので、福島県や新潟県にも広がった。

信州そばロゴマークの商標登録

出雲の割子そば

島根県のそばの歴史は長く、記録に残っているものだけでも奈良時代七二二年に天正天皇が食料対策のためそばの普及を推めた時から出雲そばとして栽培されている。

しかし、それが本格化するのは江戸時代になってからで、松平直正公が入府する際、信州のそば職人を連れてきてからとされる。島根の公式　ホームページでも紹介されている「出雲そば」の特徴としては次の４つがある。

（1）割子・釜揚げという形態

（2）色が黒っぽい灰緑色

（3）腰が強い

（4）出雲地元のそば粉を使用している

当時は武家や寺社での利用が中心で庶民にとっては祭事などでの利用で、その後、

出雲割子そば

「連」と呼ばれるグループにより、出雲の食文化として確立した。

越前のおろしそば

越前（今の福井県）は古くから日本有数のそばの産地であった。しかし、現在のような麺状のそばが一般的になるのは江戸時代からである。

当地域の産であるダイコンのおろしに、刻みネギ、刻み海苔にかつおぶしをまぶし、辛味をつゆとともに出される「おろしそば」は独特なものである。

もちろん、そば粉は地元のもので、これを石臼で挽き、粉の乾燥や保管にもこだわっている。そばは、冷やしたものが多く、やや深めの鉢皿で出される場合が多い。

越前おろしそば

第3章　そばの王国・北海道

3－1. 日本一のそば産地

知ろう！食べよう！出かけよう！

そば王国　北海道

北海道そばの歴史

北海道でのそばの採取・栽培は縄文時代から行われていたとされ、函館のハマナス野遺跡からはそばの実が発見されている。（注１）

北海道は米作ができなかったこともあり、そばは日常食として普及していたものと思われる。江戸時代中期の一八一七年には松田伝十郎が『北夷談』の中に阿野呂村（現厚札部町）で食べたそばが「上品な風味で信州そばに異ならず」と記している。

明治時代になると各地からの開拓団がそばを持ち込み、そばの栽培が盛んになる　そば栽培の面では昭和期（一九三〇年）には、新品種「牡丹」

（注１）BC5000 年ハマナス遺跡から、BC3000 年天塩郡豊富町竪穴式住居跡から、BC2500 年奥尻町・属縄文式遺跡からそばの実やその花粉が見つかっている。

が誕生し、戦後は一九八九年に「キタワセ」が誕生し、北海道そばの主力品種となる。その後も新品種の開発がすすめられており、一九九一年には「キタユキソバ」、二〇〇一年ダッタンそば「北京一号」、二〇〇五年には「キタノマシュウ」が登場している。

作付面積・収穫量とも日本一

北海道は、気温が低く、土地がやせているので、米作に不向きな所もあるが、広大な土地があり、人手があまりかからないという点から、そばの栽培に適している。

特に、一九七〇年の米の減反政策により、幌加内や旭川の地域では、そば栽培が一挙に進み、今では日本一のそばの産地となっている。

国産そば収穫の四五%は北海道であり、ほかの府県を圧倒している。

品種では「キタワセ」が八〇%を占めており、本州より一カ月以上早い収穫とい

そばの収穫割合

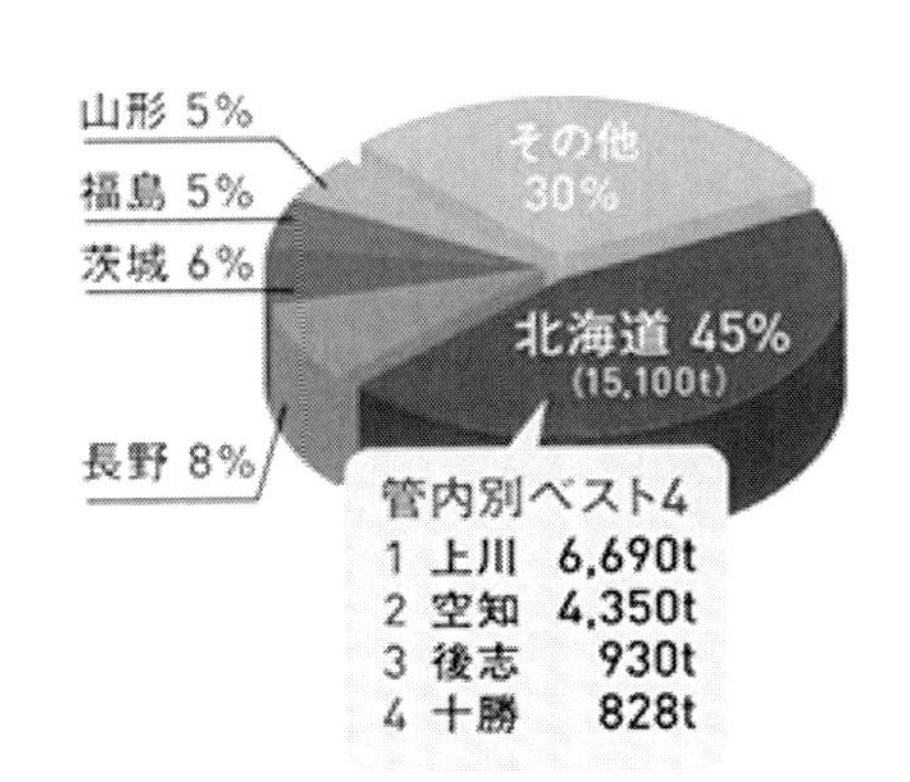

うこともあり、全国にも広く普及している。

老舗そば店

北海道のそば店の歴史は意外と古く、江戸時代一八五六年には松前藩の函館で石川屋が開業している。

明治時代になると、小樽で米山蕎麦、札幌で東京庵、小樽で東屋が創業した。東屋はその後、釧路に拠点を移し、竹老園（東家総本店）を中心に暖簾分けで釧路に二十一店もの店があり、札幌にも関係の店がある。これらは経営的に直接つながっている訳ではないが、その存在感は大きい。

地域おこし・まちづくり

北海道の上川・空知地域にとってはそばが主要産業であり、そば農家、そば店、そばファン、行政が一体となって様々なイベントが行われており、地域の文化ともなっている。

今回取材のため訪問した旭川の近くの幌加内では、毎年八月末か九月初旬に「新そば祭り」が実施されているが、人口一五〇〇人の町に二日間で5万人もが集まる。各地の新そばが食べられるほかに、「そば道場」によるそば打ちコンテスト、中央会場でのフェスティバル等、大変な盛り上がりで、人々は心からそばを楽しんでいる様子がわかった。

幌加内高校では、そばの学習が必修であり、そば打ち初段の資格をもつことが卒業の条件となっている。校内にアンテナショップをもつとともに、新そばまつり等のイベントには全校で参加しているのも面白かった。

〈対談〉北海道そばのルーツ

小川原　格

北海道麺類飲食業生活衛生同業組合　理事長

「藪半」2代目当主

（インタビュアー　鈴木克也）

―北海道のそばの歴史は古いのですね。

（理事長）北海道では先住民（アイヌ）が縄文時代からそばを日常食として食していたそうです。米作には不向きですが、そばの栽培には適しているのです。

もちろん、本格的になるのは明治維新以降です。新政府は全国各地からの開拓団による開拓を積極的に進めましたが、その時の作物の一つとして、比較的荒れ地でも育ち、栽培方法も簡単なそばを強力に育成したのです。

最初は十勝の新得町が中心

インタビュー風景

でしたが、幌加内、江別、深川、鷹津、北竜などに急速に拡大しました。まさに国や道をあげてつくりあげたものです。

戦後の米作減反政策もあり、そば栽培は広大な土地と省力化機械、乾燥技術などを総合して大規模農業として成長しました。今では国産そばの半分ぐらいを生産するようなりました。そんな大きなシェアを占めていることを全国の人にはまだ余り知られていないので、組合ではこの北海道を「そばの王国」と名付けて積極的に広報することにしました。

―そば店の歴史もふるいのでしょう。「藪半」の歴史も合わせて教えてください。

（理事長）北海道のそば店の歴史を調べてみると、江戸時代中期には函館で石川屋というそば店が開業していたことが分かりました。明治に入ると札幌で「東京庵」が、小樽で「米山蕎麦」が開店し、後に釧路へ移った「東屋」も小樽で創業しました。

当社「藪半」の歴史は比較的新しく、昭和六十二年に私の父親が創業しました。

父親は公務員でしたが、そば店を始めるため東京に修行に出かけ、あちこちの有名な店を食べ歩くとともに、老舗の「藪（やぶ）」で数カ月見習いをしました。暖簾（のれん）分けではないのですが、「藪」の名前を一部使わせてもらい、「藪半」として小樽で創業しました。製粉や卸をもする経営でした。

当時のそば店は「３Ｋ」ともいわれ厳しい仕事でしたから、私はそれを継ぐのが嫌で、東京の大学に逃げていました。ある時、父親がやってきて、駅前にターミナルビルができたのでその中にテナントとして入るか、独立店でいくのかとの相談がありました。私は当然、独立店にすべきだとコメントしたのですが、それをきっかけにそば店を引き継ぐ羽目になりました。父親がはやく亡くなり、私が二十七歳の時、店主となったのです。

—そば店経営はむずかしいですか。

（理事長）そば店は手打ちの技術があれば、小資本で比較的簡単

藪半の外観

に始められますが、これを何十年にわたって続けるには相当の努力が必要です。
まずは、そば店に対する強い思い入れが必要です。朝から晩まで、店のことを考え、こまめに働かねばならず、店主がその店で住むことが必要だと考えます。「薮半」が店を三階建てにしたのは、一階をそば店、二階を宴会場、三階を住居とするためでした。
それから、そば店を単なるランチのファーストフード店と考えるだけでは付加価値が低く、夫婦と自宅でやっている限り店は続きますが、世代交代がうまくできません。そこで、当店では、「そば店で一杯」との方針をかかげ、夜も営業しています。売上でみても一八時以降が四〇パーセントを占めています。

―これからのそば文化発展の課題は何ですか。

（理事長）おかげさまで国際的にもそばの魅力が伝わり、海外からのお客様も増えてきました。当店の場合、売上の二〇％ぐらいが海外からの客となっています。当店ではありませんが、海外へのそば店の出店もでてきました。現在のところ、ニューヨークやロンドンなどの欧米の都市部への進出です。将来は東南アジアも可能性があると思われますが、今はまだまだです。

そば店の経営ということでは何よりも後継者の問題が大きいですね。私は二十七歳の時からそば店を経営していますが、小樽でも当時六〇軒あったそば店が今では二〇軒ぐらいに減っています。減少の理由は、赤字だからというのではなく、後継者が事業をひきつぐだけの魅力がないということです。やはり、ランチ中心のファーストフードではなく、観光客や夜の宴会などを含めた本格的なそば店でなくては長く続かないのではないでしょうか。

とはいえ、全国各地や北海道でも老舗といえる本格的そば店はたくさん残っており、地域文化の柱となっています。これからも長く続けてもらいたいものです。

それから、そば店は自店の経営だけではなく、地域の様々な活動にも積極的に貢献していくことが必要です。わが家では息子夫

天ざるそば

婦も経営に参加してくれているので、私は北海道の組合の理事長の仕事や地域のまちづくりの活動に積極的に参加できます。

いずれにしてもそば店には総合力が重要で、色々な意味で「余裕」が必要だと思います。

3−2. 幌加内の地域おこし・まちづくり

エコハ出版

鈴木　克也

イメージキャラクターほろみん

そば栽培の適地

幌加内町は北海道・上川管内の西部にある縦長のまちである。夏は高温多湿で、冬は寒冷多雪、一日の温度差も大きい。町の真ん中を石狩川の支流である雨竜川が流れ、霧の発生が多い。

このような土地柄なので米作には適さないが、そばの栽培にとっては絶好である。そのようなことから一九七〇年に始まったコメの減反政策に合わせてそばを戦略的作物として、国も道も支援し、地域農民、農協、行政も一体となってそばづくりに邁進した。

幌加内町

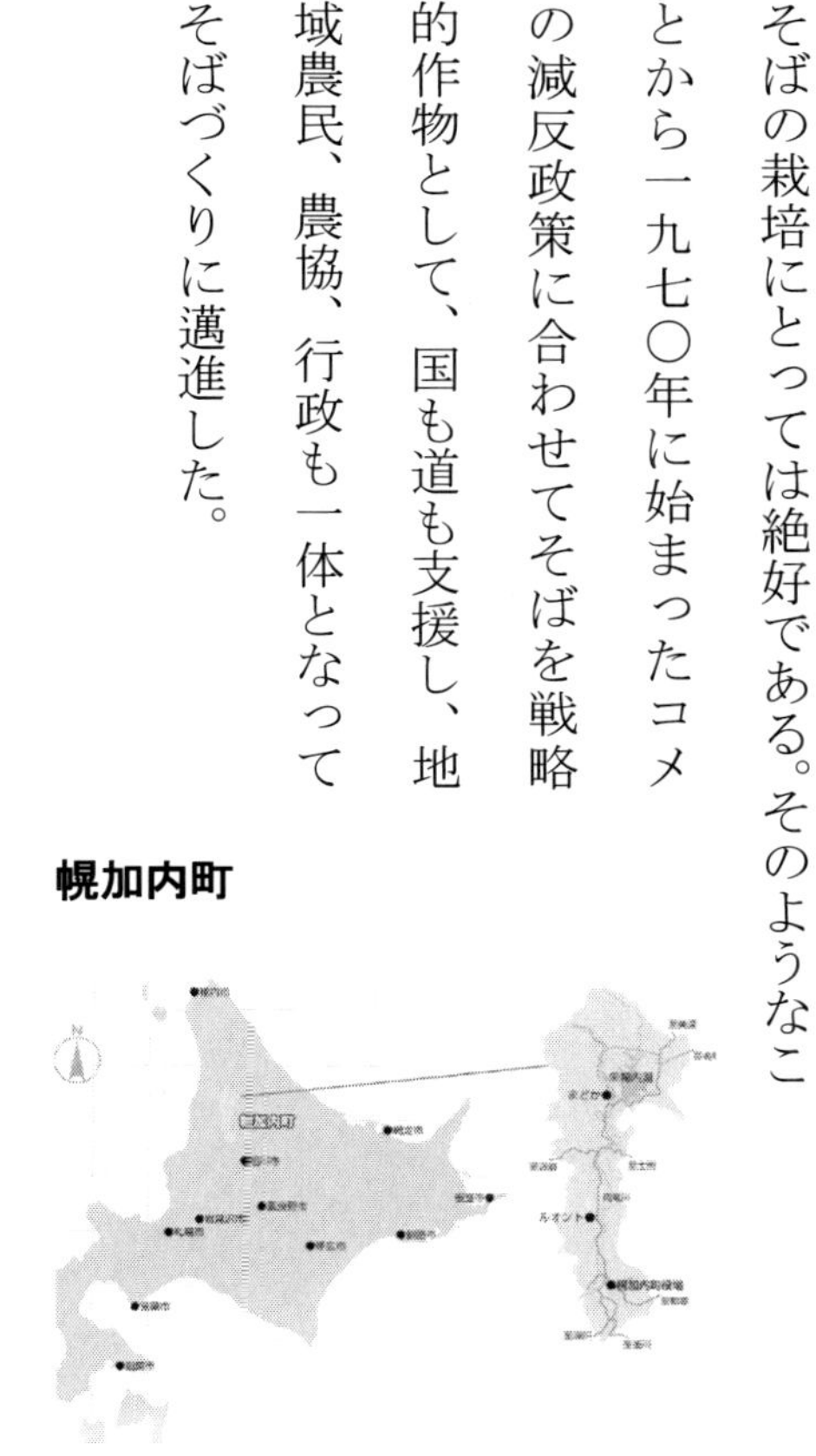

インフラの整備

省力化機械の導入、土壌改良、乾燥装置や保管庫の整備など積極的なインフラ投資をしたおかげで本格的な大規模農業が誕生した。

（省力化農機械の導入）

トラクター・コンバイン

（土壌改良）

排水工事

（乾燥装置や保管庫）

「そばの実工房」

幌加内町農産加工センター
（㈱ほろかない振興公社農産加工センター）

ソフトの体制づくり

それを推進するために「幌加内新そば祭り」の開催、「そば道場」の開設などのイベントにも力を入れ、地域おこし・まちづくりに積極的に取り組んできた。
また、地元の幌加内高校では必修授業にそばの学習を取り入れそば打ち初段の資格を卒業の条件にするなど画期的取り組みをしている。校内にはアンテナショップを設け学生が運営しており、商品開発も行っている。

（幌加内高校）

（新そば祭り）

幌加内町新そば祭りの様子

（シンポジウムの開催）

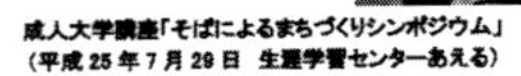

成人大学講座「そばによるまちづくりシンポジウム」
（平成25年7月29日　生涯学習センターあえる）

そば作付け面積・日本一

それらの努力の結果、幌加内は日本一の作付面積と収穫量となった。

そばの収穫量シェア

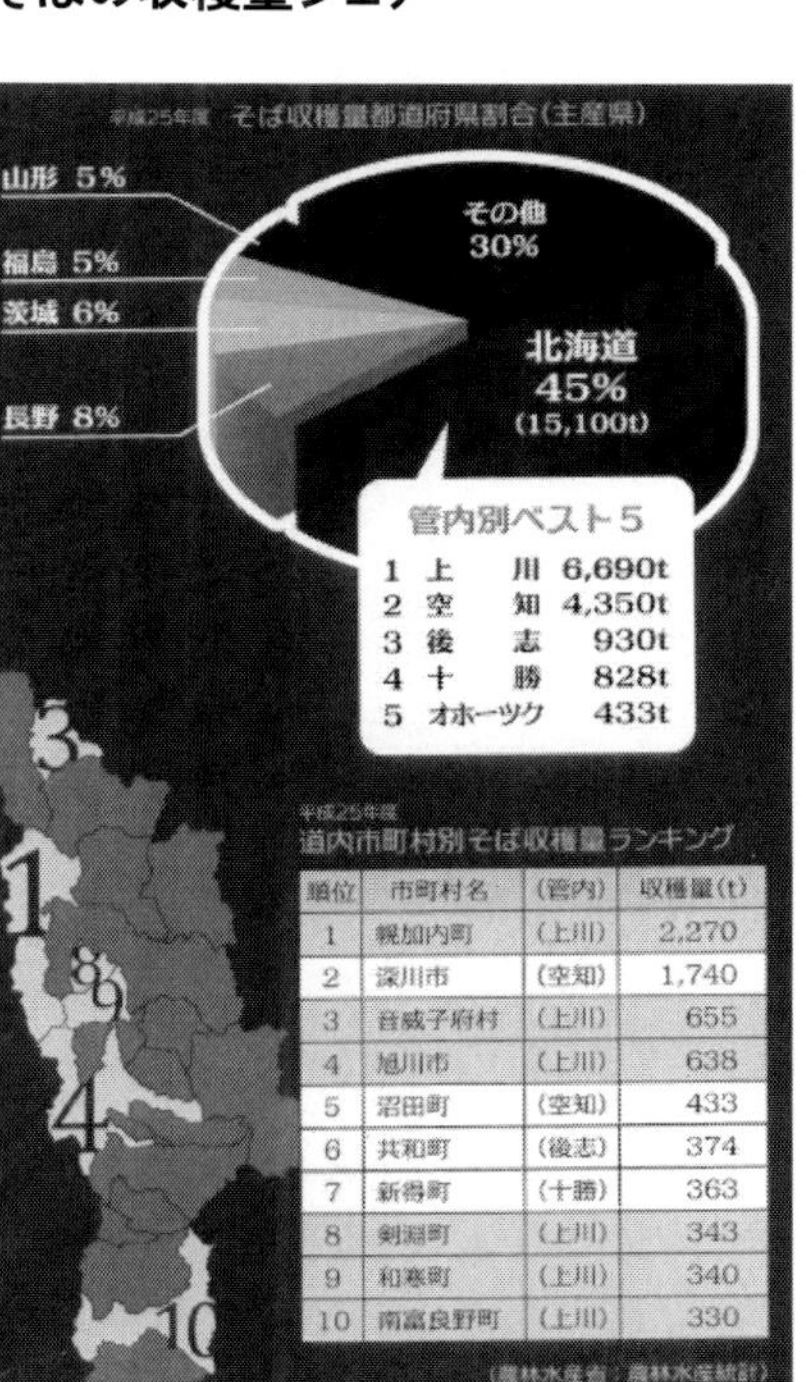

順位	市町村名	(管内)	収穫量(t)
1	幌加内町	(上川)	2,270
2	深川市	(空知)	1,740
3	音威子府村	(上川)	655
4	旭川市	(上川)	638
5	沼田町	(空知)	433
6	共和町	(後志)	374
7	新得町	(十勝)	363
8	剣淵町	(上川)	343
9	和寒町	(上川)	340
10	南富良野町	(上川)	330

これをさらに進めるため、平成二十六年（二〇一四年）には「「そば振興計画」を作成し、実施に移されている。このようにそばを中心に地域づくり・まちづくりを制度的に実施しているという点では画期的なものだと思われるので、次に紹介しておきたい。

そば振興計画

幌加内町では平成二十六年三月から平成三十六年年までの十年間のそば振興計画を作成した。

（目的）

作物としてのそばの生産の振興だけでなく、地域産業の活性化、雇用機会の確保を目指す。

（位置づけ）

幌加内町の将来の姿や行政運営の総合的な指針として定めた「幌加内町第六次総合計画」の中で、「交流を促進し、にぎわいと活力のあるまち」を基本目標の一つとして掲げているが、この計画は日本一のそばを中心とした幌加内町の活性化に向けて行政のみならず地域が一丸となっていくための基本計画である。

（基本理念）

「交流を促進し、にぎわいと活力のあるまち」を目指すため、そばを牽引力としたまちづくりをめざす。日本一の「そば産地」から日本一の「そばの里」をめざす。

（具体的方策）

項		方策
(1)	ア	ソバの品質向上
	イ	利雪型穀類低温倉庫の整備
(2)	ア	多様なニーズに応えたそば加工施設等の整備・拡充
		玄ソバむき実施設の整備
		町農産物加工センターの整備検討
		玄ソバ滅菌施設の整備検討
	イ	新たなそば加工事業者の町内誘致
	ウ	そば殻の有効活用
(3)	ア	「幌加内町新そば祭り」の開催支援
	イ	そば総合体験学習施設（仮）の整備
	ウ	認知度の向上に向けたＰＲ活動の充実と支援
		官民一体となったＰＲ活動
		ホームページ等を用いた情報発信強化
		イメージキャラクター「ほろみん」の活用
		そばの里大使、そばの里アドバイザーの活用
		道や他産地と連携したＰＲ活動
	エ	特色と魅力ある「幌加内そば」の商品づくり
	オ	ソバ畑の景観活用
(4)		幌加内そばを支える人づくりの推進
(5)		「そば」をもっと身近なものにするために

（計画の推進体制）

幌加内町

○地域振興室
・計画全般の推進及び監理
・そば事業者誘致
・新そば祭り支援
・そば総合体験学習施設検討
・ＰＲ活動の充実・支援
・特色と魅力ある商品づくり
・そば畑の景観活用
・そば関係団体への支援
・需要拡大に向けた取り組み

○産業課
・そばの品質向上
・玄ソバ保管施設、加工施設検討
・そば総合体験学習施設検討
・特色と魅力ある商品づくり
・そば生産者の育成
・そば畑の景観活用

○教育委員会
・そばに関わる人づくりの推進

○その他関係課等
・その他関連事業等推進支援

連携・推進

- ＪＡきたそらち幌加内支所
- 幌加内土地改良区
- 上川農業改良普及センター
- 幌加内町商工会
- 幌加内町観光協会
- 幌加内町そば活性化協議会
- 幌加内町そば祭り実行委員会
- その他関係団体等

〈訪問インタビュー〉

「幌加内新そば祭り」を訪ねて

事務局長　塚田　隆（写真:右から2人目、黒服）

幌内そば祭り実行委員会事務局

（インタビュアー鈴木克也）

二〇一六年九月三日・四日は「幌加内新そば祭り」が開催されたので、参加させていただいた。事務局長の塚田　隆さん、に面会できたのでその対談内容を紹介する。

―この祭りには初めて参加させていただきますが、大変な盛り上がりで感動しました。今回が二十三回目ということですが、この祭りのことをご紹介ください。

（事務局長）幌加内は寒冷で、夏が短いので、米作には向きませんが、大きな盆地ですからマイナス一五度からから二

取材の風景

五度まで寒暖の差が大きく、朝露がよく発生する地域なのでそばの栽培には適しています。

明治の初期には北陸を中心に各地から開拓団が入植し、そばの栽培を始めました。しかし、飛躍的に生産が拡大したのは、昭和四十五年の米の減反政策の際、そばの大規模生産が開始された時からです。政府や道の全面的な支援もあり、地域では農協を中心に乾燥工場や保管倉庫などの先行投資をしましたので、作付面積も増えました。昭和五十五年には日本一の生産地となりました。

平成六年には第「一回新そば祭り」が開催されましたが、その中でとりわけ大きな役割を果たしたのが北村忠一さんです。北村さんは幌加内の大規模農家ですが、農協の役員をはじめ、東京とのパイプ役をされており、幌加内そば普及にたいへん貢献していただいています。

—最近では各地でそば祭りが開催されるようになりましたが、この「幌加内新そば祭り」の特徴は何ですか。

（事務局長）まずは、九月初旬の新そばが食べられるということでしょう。北海道の「キタソバ」は本州より一カ月以上早く収穫できるので、この時期に新そば祭りを設定しているのです。

そして、ここには札幌、福井、新潟、会津若松など全国の名物そば店が出店して、そばの食べ歩きができるようになっているのも魅力だと思います。

それから中央では有名人も招いて華やかなステージを繰り広げています。今年は、武山あきよ、上杉周太、桜山まやさん等のライブ歌謡や、よさこいステージ、ブルーディ等、盛りだくさんです。

もう一つ、この地区には「そば道場」があるので、そば打ち講習会やそば打ちコンテストが同時に開催されていることです。

また、地域の幌加内高校ではそば学習が必修科目となっており、全校生がそば打ち初段以上の段位をとることが卒業の条件となっています。校内にはアンテナショップがあり、そば関連の商品開発も行っています。もちろん、この新そば祭りには全校生が参加しています。

—そばはこの地域にとってどのような位置づけとなっていますか。また、これからの課題は何ですか。

（事務局長）そばは地域の「生活の糧」ですから、当地域の主力産業です。都市別にみるとそばの栽培では全国一ですから、そばの乾燥・保存・品質管理を含めてそば全体に責任をもたねばならないと思います。その際、情報発信は極めて重要です。

しかし、全国的にみると、幌加内の知名度がそれほど高いわけではないので、これからもあらゆる機会をとらえて情報発信する必要があると考えています。

そば祭り風景

そば道場風景

3－3. だったんそば

エコハ出版

鈴木　克也

「だったんそば」とは

そばには日常私たちが食べている「普通そば（甘そば）」のほかに「だったんそば（苦そば）」がある。

だったんそばは普通そばとくらべて、粒が小さく、丸みを帯びている。独特の苦みがある。

だったんそばは、中国雲南省が原産とされるが、今でも四川省、チベット自治区、モンゴル地区、ネパールなどの山岳地帯で多く栽培されており、主食として食べられている。

日本における栽培は北海道の当麻町、雄武町、由仁町、浦幌町、札

だったんそば

幌市などが中心であるが、最近では長野県北信地方などでも栽培されている。

作付面積は全国で約三五〇ha、うち北海道が二五〇haとなっている。

だったんそばの品種としてはいくつかあるが、これまでは北海道農業研究センターが開発した「北海道T８号」が奨励されてきたが、現在は「満天きらり」が中心になっている。

成分・効用

種子の成分は「普通そば」とあまり変わらないが、だったんそばには、ポリフェノールの一種であるルチンが普通そばの五〇～一〇〇倍も入っていることが大きな特徴である。

このルチンは活性酸素の働きを抑制し、成人病である糖尿病、高血圧、胃腸病、動脈硬化などを抑制する効果がある。

中国明の時代には、だったんそばは漢方薬として使われ、金の時代には「胃腸を丈夫にして気力を増す」という記述がある。今でも北京では、糖尿病の漢方薬として販売されているそうである。

ルチンの一日あたりの摂取量は三〇～五〇㎎でよいとされており、そば一〇〇gを食べれば十分であるが、これを毎日食べるわけにはいかない。それを補うために様々な工夫がされ新製品が開発されている。

そば湯で焼酎を割って飲む、ご飯にそばの実を入れる等のほか、そば茶、そば饅頭、クッキー、酒などの新製品も出ている。

そばには、昔から言われていた「不老長寿」の効果があるのである。

だったんそば製品

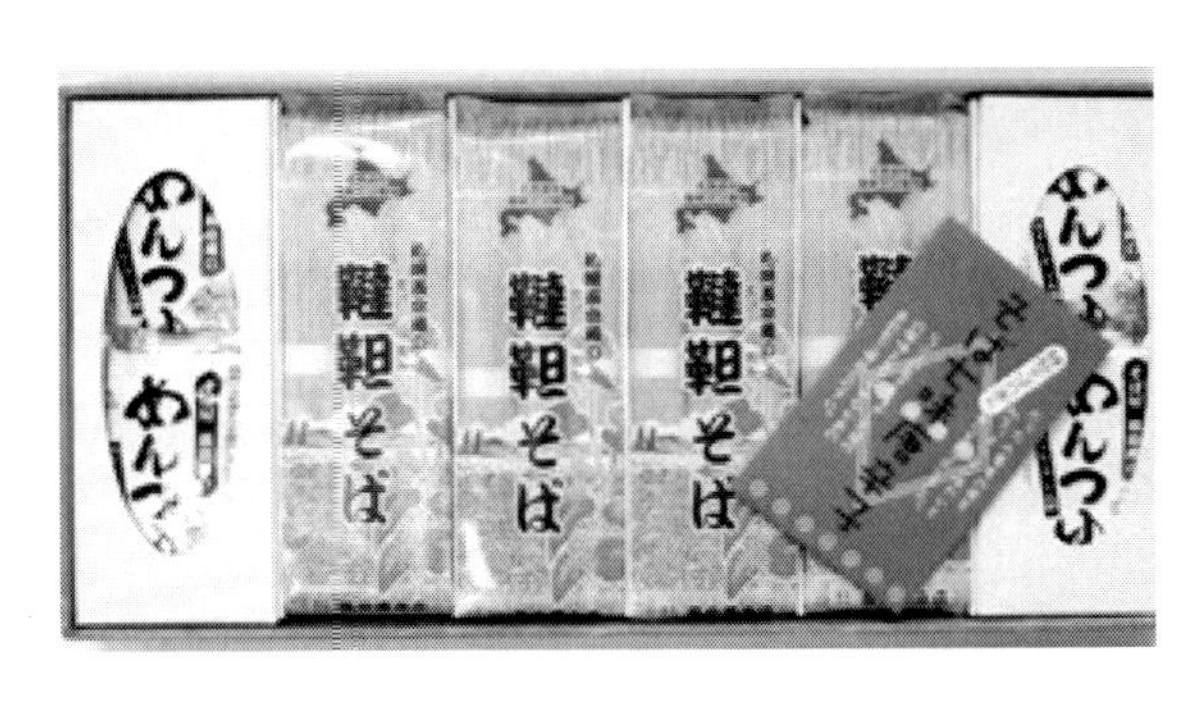

だったんそば普及活動

だったんそばが日本に紹介されたのは一九九七年だとされているが、当初は苦みが日本人の味覚にあわないとしてあまり普及しなかった。しかし、二〇〇一年にルチンが健康に極めて良いと報道され、大いに注目されることになった。苦みを和らげる技術もでき、栽培する農家も増えたので普及が進んだ。この普及に大きな役割を果たし、今も大いに活躍中の森清さんにお会いできたので、以下紹介する。

〈対談〉だったんそば普及のために

会長　森 清

全国ダッタンソバ生産者推進協議会

有限会社長命庵社長

（インタビュアー　鈴木克也）

—「だったんそば」は最近、健康食品として注目されておりますが、その普及活動の経緯を教えてください。

（会長）国内栽培の九〇％は北海道です。二十二年前に週刊誌で「血液サラサラによい」という記事を見ました。父親が肺がんだったので私はそれに飛びついたのです。

わが家は農家でしたので、すぐに種子を取り寄せ、畑に蒔いてみました。まわりの人にも好評だったので、二～三年後には一〇〇haにまで拡張しまし

幌加内新そば祭り会場にて

た。

―このだったんそばを普及させるため、色々な活動をされていますね。

（会長）これを広く普及させたいと思い、そばに関連する祭りに出したりしながら仲間づくりをしました。おかげさまで多くの農家の賛同者が集り、当麻町、雄武町、由仁町、浦幌、札幌市、北見市等に拡がっていきました。平成二十年には二六名が集って生産者協議会をつくりました。また、消費を全国に拡げるため、一五年前には「だったんそばの会」を組織し、現在の会員は一〇〇名になっています。

だったんそば普及のきっかけづくりには祭りへの出店が、非常に効果があることがわかっていますので、この「幌加内新そば祭り」には最初から二〇回出店しています。それ以外にも「さっぽろさとらんど」で行われるそば祭りにはもう一四回出店しています。六月には「札幌ガレット祭り」、十月には「満天きらり」を食べる夕べ」等、結構忙しくやっています。

最初のダッタンそば研究会メンバー

―森さんはだったんそば普及の貢献賞を受賞されていますね。普及活動でご苦労されている点は何ですか。

（会長）平成二十五年三月には「全国そば優良表彰農林水産大臣賞」を受賞しました。これも共同で活動してくれた仲間や支援いただいた皆様のおかげです。

今では北海道で二〇戸三五〇haのだったんそばの畑が生産・加工・販売をできるようになりました。だったんそばをつかった商品開発にも積極的に取り組み、乾麺のほか「インスタントだったんそば」、「だったんそば茶」などもつくり、通販しています。

もちろん、情報発信には力を入れています。やはり、政府や自治体の支援の効果は大きく、マスコミ等にとり上げられる機会も多くなり、その結果、お客さんも増えるという好循環も生まれています。

生産・加工・販売まで、私自身がかかわっていますので、大変忙しく

受賞風景

インスタントそば

やっています。現在六十三歳ですが、朝の四時から夜の十時まで活動しています。酒は飲みませんが、なにしろ仕事が趣味ですから面白くてしかたありません。

第4章　山形そば街道

―地域おこし・まちづくりのモデルとして―

鈴木　克也（エコハ出版代表）

（協力：鴨川キヨ・酒田ふるさと観光大使）

そば産地・山形県

山形県の内陸部は山地が多く、米作には適していないが、寒暖の差が大きく、土壌はそばの栽培に適しているので、昔からたばこの裏作としてそばの栽培がいたる所で行われていた。

人々は日常生活の中でも米の代用品として、そばを食していた。また、農作業の後、季節行事の時などお客が来るときには「そば振舞い」と言って、自宅で打ったそばを「板そば」の形にし、自宅で調達・料理した山菜や鶏肉（鴨やきじ肉）とともに提供し、みんなで団らんするという食文化があった。

山形県交通マップ

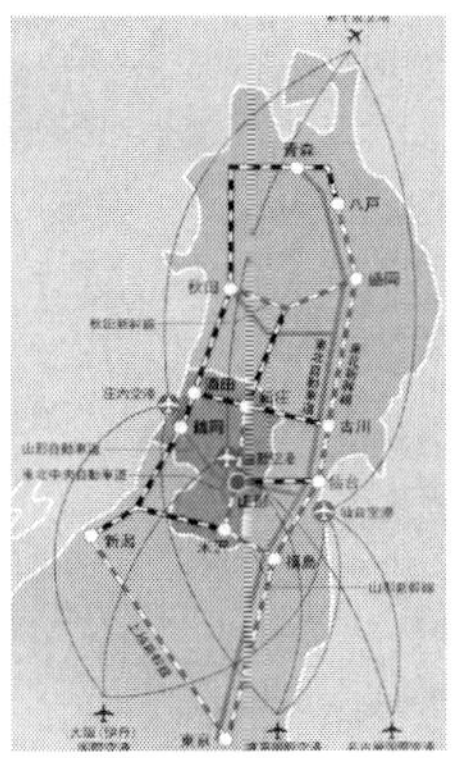

それらを土台にして、農家が自宅を改造して、そば店を始めるということが多くなった。それらの店が街道沿いに集中してきたので、これを「そば街道」と呼んだ。その始まりは一九九四年ごろの「最上川三難所」であるが、それをモデルにして山形県各地に「そば街道」を名乗る所が続出し、今では二〇カ所近くになっている。このようにそば街道が山形県に集中していること自体も非常に珍しいことであるが、これが地域おこしやまちづくりの視点からみるともっと興味深い。

これを推進したのは地元のそば専門店の店主であり、それを支えた地元のそば愛好者であった。行政やそば関連の団体役員たちも含めて、それぞれが利己主義にならず積極的な協力姿勢を示した。

今では「そばまつり」「そば道場」「そばの里づくり」「そば新製品の開発」「地域ブランドづくり」など様々な地域活動がこれとつながっている。まさに「地域マーケティング」の展開である。本章では、「そば街道」を中心に「そば&まちづくり」のモデルとしてこの地域を紹介したい。

図表４－１山形県そば街道マップ

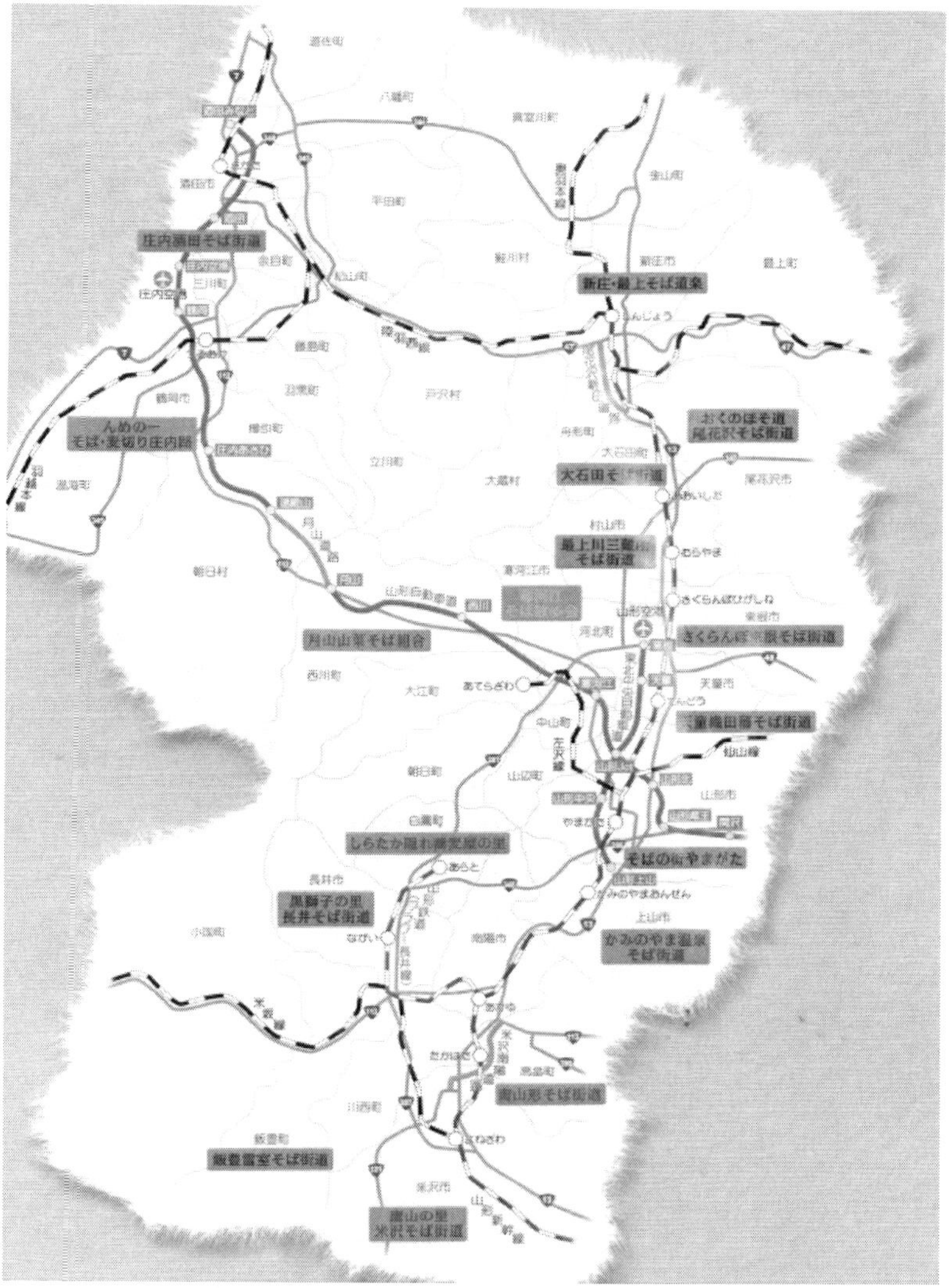

（出所）山形県そば街道交流会

「最上川三難所」

山形県の中でも、村山市の最上川三難所はそば専門店が立ち並ぶ「山形そば街道」の発祥の地である。この地域には江戸時代から続く「あらきそば」という老舗があったが、街道に沿っていくつかのそば専門店ができてきたので、一九九四年にこれを「そば街道」と名付け、振興会ができた。

(注)この名称を最初につけたのは「あらきそば」店の店主であった。

その後、そばを栽培している農家が自宅を店舗とし、手打ちそば店を始める例が増え、今では十四店が振興会に参加している。(図表4−2参照)

最上川三難所そば街道振興会会長の佐藤和幸さん(そば店・おんどり店主)からそば街道の話を聞いた。その要約を次に記す。

そば店・おんどり

〈そば街道のルーツ〉

この地域は昔からそば栽培が盛んで、農家の主婦たちはたいていそばの手打ちができた。そして人が集まるごとに自前のそばと手料理を出していた。今でもこの地域の特徴となっている「板そば」は一枚の板に何人分かのそばを盛ってだし、手間を省いたり、皆で団らんしながら食べやすくしたものである。

〈自前の料理〉

このおんどりもそうであるが、農家が自宅をそば店につくりかえ、手打ちそばと独自の山菜や鶏肉を出すという展開となった。とびとびではあるが、街道沿いにいくつかの個性的な店があるということで、これを「最上川三難所そば街道」と称した。その後、これにならって、、「大石田そば街道」、「尾花沢そば街道ができた。山形県では「そば街道」と名乗ったものが二〇カ

板そば

所近くできているが、この地域が発祥の地である。

（そば店の特色）

この地域には、現在一四店のそば店があるが、そのほとんどが農業との兼業である。材料のそば粉、そば汁、手料理の山菜、鶏肉などは、ほとんどが自家製である。当地域そば文化の原点である「板そば」が主力であることは言うまでもない。農作業もあるので、当店のように営業時間は十一時から午後三時までというものが多い。

（各店の協力）

この地域の大きな特色は、店主同士の協力関係が密で、技術の習得、イベントの開催、共同のＰＲキャンペーンなど皆で仲良く行っていることである。

二〇〇三年には、最上川沿いの北村山三街道の連携の協議会もでき、共同でのプロジェクトも積極的に行っている。役員は忙しいが、その効果は大きく、最近では、知名度も上がってきたので、仙台からの客も増えてきている。

今後の課題としては、後継者育成の問題が大きいが、これもそば道場や研修会などの地域での連携で対処している。

図表 4-2　最上川三難所そば街道マップ

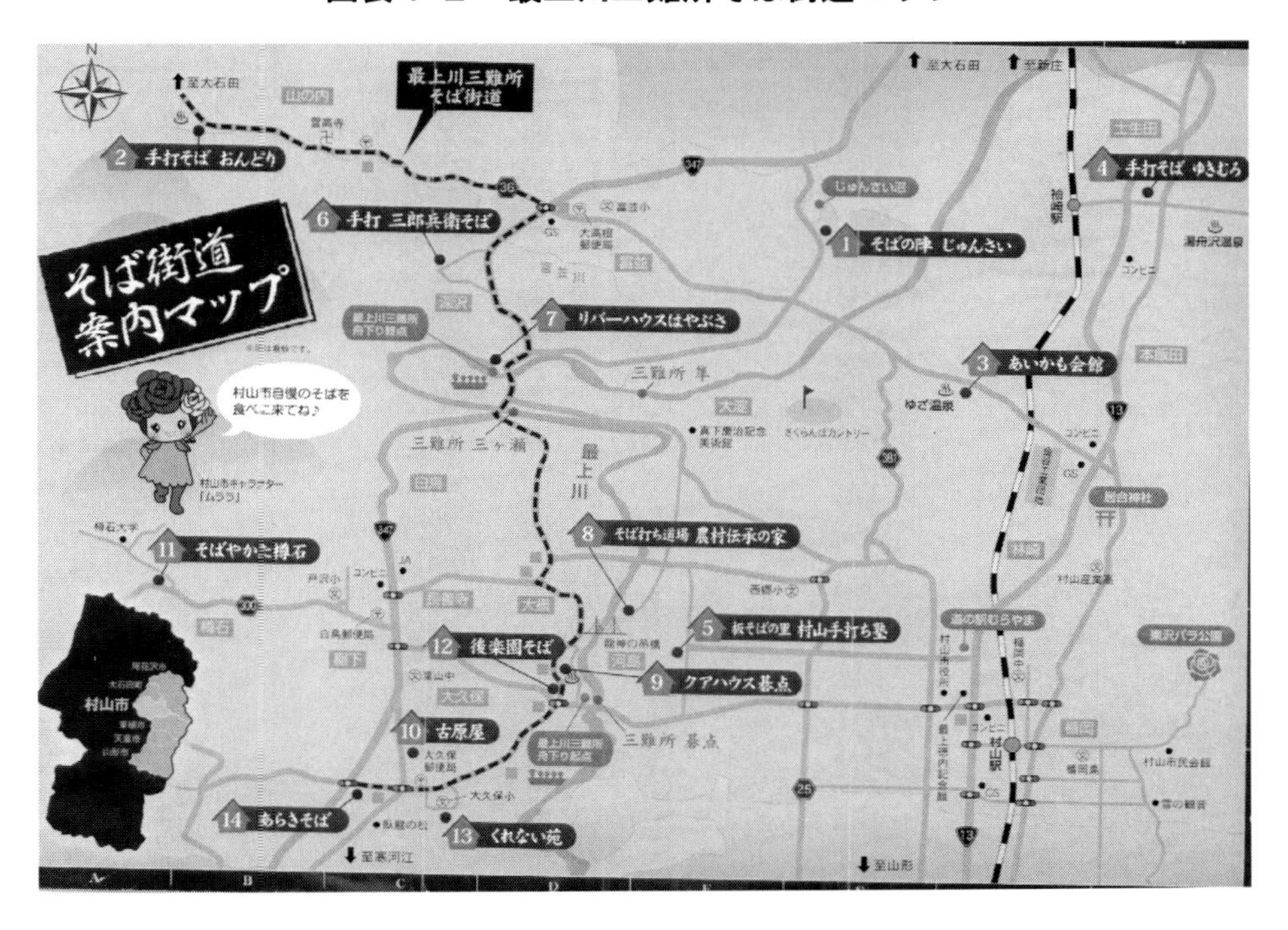

そばの里—北村山・そば三街道

山形県には二〇カ所近くの「そば街道」があり、それぞれ独自の活動を行なっているが、最上川中流の村山、尾花沢、大石田の三地域が連携して、北村山三街道の共同プロジェクトが推進されている。これは地域おこしやまちづくりとの接点でそばをとらえようとする本書のテーマとも関係が深いので、大石田町役場に依頼し、関係者に集まっていただき、座談会風のヒアリングを行った。その要旨を以下にまとめる。

（北村山・三街道の連携）

山形県は昔からそばの産地であり、それを土台にして、各地で「そば街道」が始まったが、最上川中流の北村山地域にあるそば街道で連携して活動しようとの動きがでてきた。

座談会風景

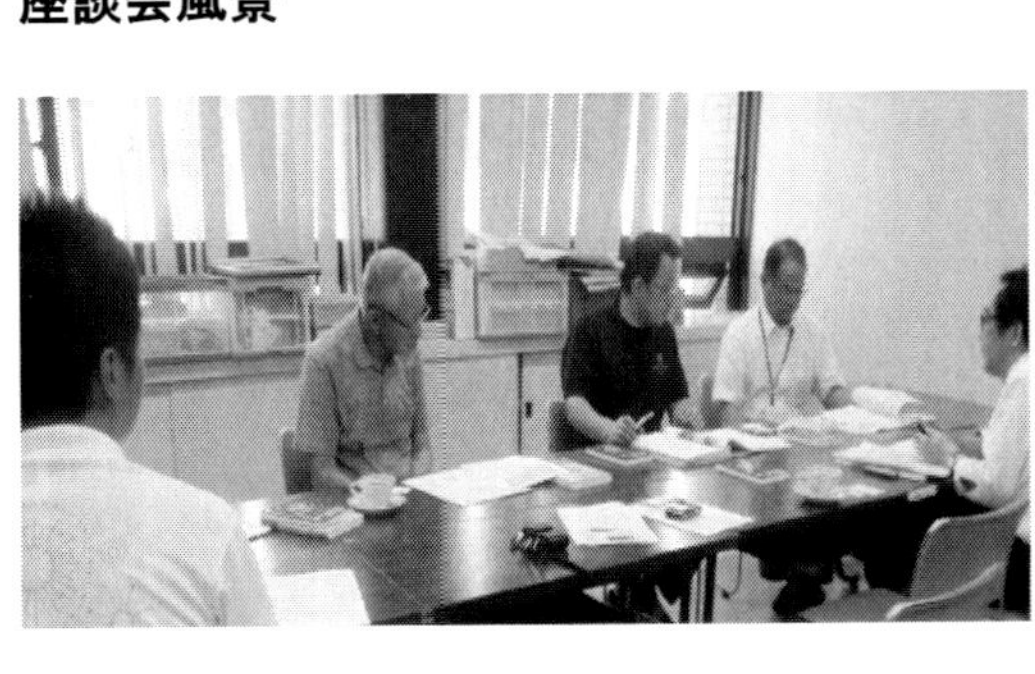

組織として正式になったのは二〇〇三年、広域三街道「おくの細道最上川そば三街道」協議会が計四二店で発足した。若手の教育・研修、イベントの開催、共同PR等が目的であり、いかにも合理的な取り組みであるが、競争の激しい今の世の中ではこのような協力はなかなか難しいのが現実であることを考えると、極めて意義が大きい。

（各街道のそば品種の違い）

この三街道で使っているそば粉はそれぞれ異なっている。尾花沢は「最上早生」、村山は「でわかおり」、大石田は「来迎寺在来」である。顧客があきずに食べ歩くのにはこのように変化があることも好都合であろう。

大石田の「来迎寺在来」の由来については、出席者の高橋昭治さん（大石田そば研究会会長）から次のような説明があった。「明治九年頃、来迎寺地区の農家であった阿部与左衛門（当時二十八歳）が九州阿蘇からこの品種を導入したのが始まりと伝えられています。」

（そばの里まつり）

そばを普及させるだけではなく、これを観光資源として地域活性化のために役立てるため、各地でそばまつりが行われている。大石田地区では一九九七年に、「第一回大石田新そばまつり」が開催され、その後二〇年間続いている。初めは三〇〇人ぐらいの参加者であったが、最近では参加者が二五〇〇人もの大きなイベントとなっている。出席者の鈴木太さん（大石田産業振興課主幹）も「これは観光振興にとっても大きな成果だと思われます」と語っておられる。

そばまつりは各地で行われてきたが、三街道の協議会ができてからは三街道で協力して開催しようということになり、七月頃に「そばの里まつり」が持ち回りで行われることになった。二〇一七年は大石田で開催され、二〇一八年には尾花沢で開催されることになっている。

図表 4-3 そばの里まつり案内

（かおり風景百選）

以上のような経緯もあり、二〇〇一年には大石田は環境省の主催する「かおり風景百選」に選定された。出席者の井刈清隆さん（大石田町産業振興課長）に申請にあたっての苦労話を聞いた。「このかおりは単なる自然のかおりということだけではなく、そば製品の開発や地域おこしの全体を含めたものです。そのことが評価されたものと思われます。」

また、その効果については井上邦義さん（大石田そば道楽の会会長）は「行政、そば店主、農家、専門家など様々な人々の熱心な研究と協力のおかげで賞を取ることができました。私たちの活動が認められたことは誇らしいことで、その後の活動にはずみがつきました」とのことである。

かおり風景百選

（そばと地域づくり）

そば三街道の連携、そばの里づくり、そば人材の育成等の活動は単なるそばの普及のためだけではなく、それを通しての地域おこしやまちづくりにもつながっている。

この推進にあたっては、例えば大石田町では推進協議会を立ち上げ、議会、ＪＡ，商工会、振興公社、生産団体、そば道楽の会、そば街道など十五の機関・団体が参加し、官民をあげての取り組みがなされている。そば屋のプロ集団とそば会のアマチュアが一体化しているのも特徴である。

その結果、二〇一五年の新そばまつり（第一九回）には、二五〇〇人（五〇〇〇食）の参加があった。これは初期の二倍の数である。アンケートによると宮城県からの客が三六・三％と最も多く、前売券入場者が七八・四％に及んだ。また、「おいしかった」

表彰制度へのチャレンジ

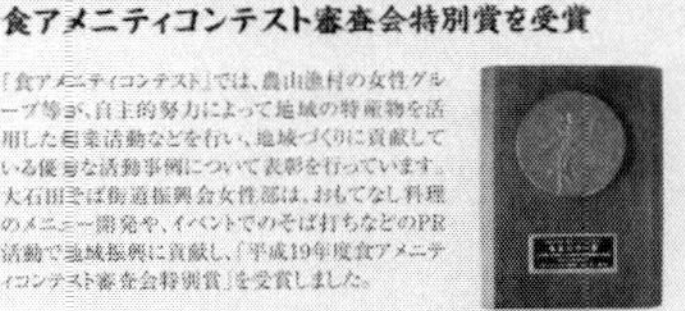

「大石田そば街道振興会女性部」が食アメニティコンテスト審査会特別賞を受賞

「食アメニティコンテスト」では、農山漁村の女性グループ等が、自主的努力によって地域の特産物を活用した起業活動などを行い、地域づくりに貢献している優良な活動事例について表彰を行っています。大石田そば街道振興会女性部は、おもてなし料理のメニュー開発や、イベントでのそば打ちなどのPR活動で地域振興に貢献し、「平成19年度食アメニティコンテスト審査会特別賞」を受賞しました。

白鷺そば生産組合が全国農業協同組合中央会長賞を受賞

白鷺そば生産組合は、「平成19年度全国そば生産優良地区表彰」において、全国農業協同組合中央会長賞を受賞しました。大石田町のそば「来迎寺在来」の品種保存や町内のそば生産者への種子の供給などを行い、大石田のそばの高品質化へ貢献している点や収量性の高さが評価されました。

環境省認定 かおり風景100選

「大石田町そばの里」

「かおり風景100選」とは、その地に住む人々や訪れる人々にとって心地よいと感じる「かおり」であり、自然景観はもちろん、文化、生活、歴史などの社会的背景を含め将来に残したい風景をいいます。この栄誉ある認定は、そば文化を大切に育んできた大石田の風土と、そばを愛する多くの人々が大石田をめんこがって（可愛がって）くださったお陰です。

「大石田そば街道」が山形セレクションに認定

「山形セレクション」とは、山形が持っているたくさんの素材の中から独自の高い基準「山形基準」をもって選りすぐり、「山形の宝」として世に発信する取り組みです。大石田町には地元栽培の玄そばを生かした手打ちそば屋が数多くあり、そば文化が地域に息づいています。こうしたことから資源活用観光の面において、平成19年度山形セレクションの認定を受けました。

と回答した人が九三・六％と好評であった。

山形県全体でみると、二〇一三年、そば街道には一九万一六〇〇人の客が訪れており、地域にとっての観光効果も大きい。

「このような活動は一朝一夕に効果を上げるものではなく、長年にわたる多くの人たちの努力のおかげです。これからも後継者の育成や全国に向けたＰＲなどやるべきことが色々あります。」（大石田そば研究会会長高橋昭治）

〈対談〉　山形そば文化発展のために

山形県麺類飲食生活衛生同業組合
理事長　矢萩長兵衛
（インタビュアー鈴木　克也）

—山形県はそば王国として歴史的・文化的・経済的に多岐にわたるポジションを持っていますね。その背景についてお教えください。

（理事長）この地域は昔からたばこの栽培がさかんでしたが、その裏作としてそばが栽培されていました。我が家も農家でしたが、先代が副業で、そばの実を仕入れて、石臼で粉にして販売するという仕事をはじめました。私はそのあとを継いだのですが、ある時、そばの実が足りなくなって、北海道を調べてみると旭川の近くの幌加内や十勝は山形からいった開拓民が多かったの

対談風景

です。いまでは北海道は全国一のそばの産地ですが、そのルーツが山形にあったというのは驚きでした。

そのぐらい山形のそばの歴史は長いのですが、戦後、そばブームが起こり、農家が自宅を店舗にし、それまで自宅でしていたようなそばの手打ちを出すようになってきました。それがいくつかそろってきたので、これを「そば街道」と名付けたのです。そうすると広い範囲からお客さんが来てれるのでビジネスとして成り立つことが分かり、そばの専門店が増え始め、山形県各地で「そば街道」という名前が付けられました。そば街道の店は地域でとれたそば粉を使うこと、手打ちであること、山菜など店ごとの手料理が出ることなどが特徴です。

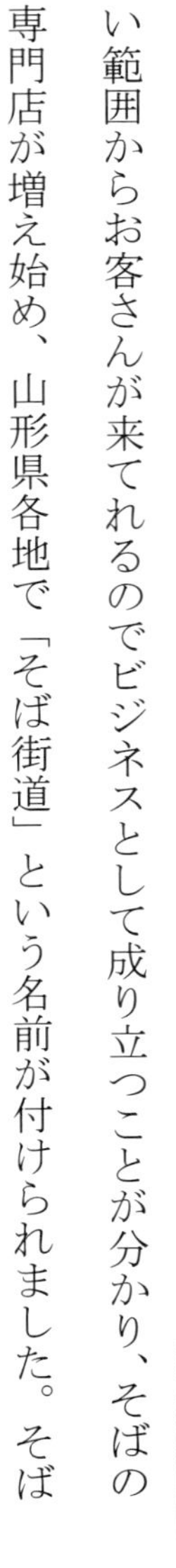

水車生そば店外観

―最近では「山形そば街道」は有名になりましたが、それを地域ブランドにするにはご苦労があったことでしょう。

（理事長）そばを観光資源としても活用しようということで、色々な努力をしました。そのため山形県にある「そば街道」の交流会をつくり、共通のパンフレットを作成したり、共同のイベントを企画したりすることにしました。

ところが「山形そば」といっても、品種も様々ですし、地区ごとに歴史と文化が異なっているのです。グランプリで等級をつけようとの話もありましたが、味覚は人によって違うので、そのような評価はできません。むしろ、各地区がそれぞれ独自性を打ち出すのがいいのではないかということになりました。

最近、そばの案内役として「ソバリエ」の制度をつくり、現在三十数名が資格をもっていますが、どこの地区やどこの店が一番おいしいと言ってはいけないことになっています。

―新製品や新事業の開発にも積極的ですね。

(理事長)商工会議所の方々とも一緒になって「そばプロジェクト」を推進しています。

例えば、ここ天童市は織田信長の子孫がずっと住んでいる地域ですので、歴史のある「寒中そば」を復元しようということになり、いろいろ試行錯誤をし、一九九四年に完成しました。これは、秋にとれたそばを一月の大寒から二週間ぐらい寒中にさらし、その後、清流に浸し、強い日差しで乾燥させることにより、春には独特の風味をもった乾麺となるのです。これを皇室へ献上しようということになりました。

寒中挽きそば

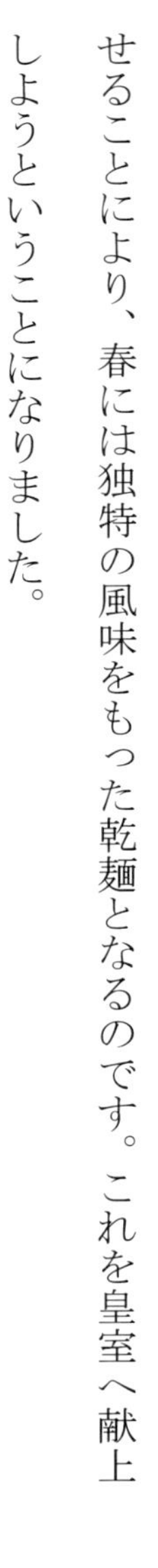

もう一つ、面白い取り組みとして、山形市の萬盛庵が主催する「山形そばを食う会」があります。この会は先代の主人が一九六〇年から始めた長い歴史をもつもので、毎年一二月には戦前のそばを懐かしむ人達が県内外から集まります。山形県に

はこの種のそばの愛好会がいくつもあります。

さらに、若手育成のための「そば道場」がいくつもあります。当店の二階には観光客を中心にそばの手打ちが体験できる場もつくっています。このように、そば文化を支える様々な仕組みが出来上がっているのです。

――この「水車そば」では「板そば」とともに「鳥中辛（ラーメン）」が人気商品となっていますね。

（理事長） 山形県の内陸部ではそば店がさかんですが、日本海側ではラーメンが中心です。そばはあまりにも日常的なので、外食にはラーメンの方がよいという人も多いのです。そこで、当店（水車そば）では「板そば」とともに「鳥中華（ラーメン）」を始めたところ人気になり、顧客層が拡がりました。そば店の経営は単独の事業ではどうしても採算がとりにくいので、色々な仕事を合わせてすることで、安定した経営ができるようになります。

鳥中華（ラーメン）

うちの場合、家内や息子の協力もあるので、私自身は麺類組合やそばプロジェクトなど、そば文化を守り、発展させていくための幅広い活動をさせていただいています。

第5章　江戸っ子とそば文化

吉村桃実

（大妻女子大学大学院）

北尾正巳画

江戸時代に花開いたそば文化

「そば切り」が生まれる以前まで、人々はそばがき、つみれ、すいとんなどにしたり、五平餅の様な丸く平らな形状にして味噌や醤油をつけて食べていた。他にも、煎餅にしてニンニクと一緒に食べる、と『和漢三才図会』（一七一二）に書かれている。

麺状の「そば切り」の起源については天正二年（一五七四）に長野県木曽郡大桑村定勝寺（臨済宗妙心寺派）で発見された『定勝寺文書』の記述が、一番古いものである。その時点で人々が「そば切り」を食べていたことは間違いないだろう。

行燈（あんどん）

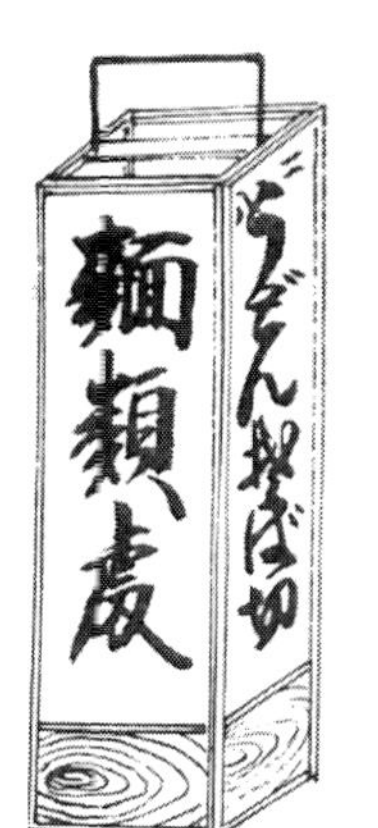

江戸時代の始まりは徳川家康が征夷大将軍となった慶長八年（一六〇三）からなので、江戸の人達は「そば切り」を食べはじめた。しかし、江戸時代初期は上方と同じようにうどんが主流だった。江戸中期になって江戸の町人が経済的余裕を持つようになり、甲州や信州から美味しいそば粉が入り、そば職人が多くやってくるようになると、さっぱりとした味が好まれ、江戸ではうどんよりもそばの方が人気が出てきた。江戸でそば文化が花開いたのである。

江戸時代の代表的な料理書であり、「そば切り」の製法について最初に記したのは、寛延二〇年（一六四三）刊の『料理物語』であった。また、寛延四年（一七五一）には、『蕎麦全書』が刊行されて、そばの製法やそば屋の繁盛の様子がうかがえる。さらに、安永五年（一七七六）に刊行された黄表紙（大人向け絵本）『うどんそば化物大江山』には、「江戸八百八町に蕎麦屋は数え切れないくらいあるが、うどん屋は万に一」と書かれていることからも、そばが江戸の人達に受

行燈

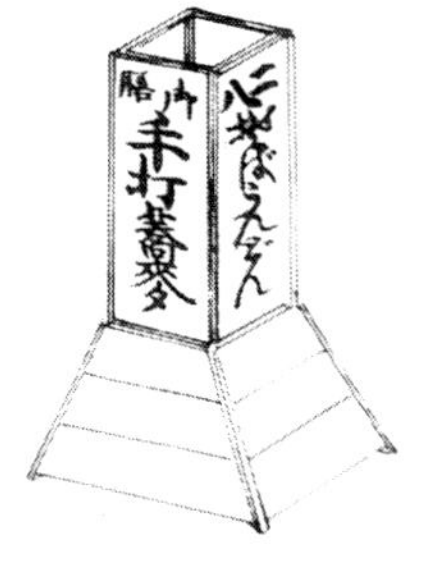

そば売り

け入れられていたかが分かる。そばは米のように相場で激しく値上げされることもないので、庶民にとっての強い味方だった。「そば切り」はささっと食べられることから、かけそば屋が繁盛した。メニューは「あられ」という貝柱をのせたものや、あぶったもみ海苔をかけた「花巻」、蒲鉾や椎茸などの具をのせた「しっぽく」や「玉子とじ」などが流行した。

最初は温かいものだった！

現代人はそば屋に行けば、その日の気候や気分によって、温かいものか冷たいものかを選ぶことができる。温かいそばはやわらかくて消化に良さそう、冷たいそばはそば本来の味が楽しめる…といった具合に。けれども、江戸時代のそばは温かいものが主流だった。前述の『料理物語』には、次の様に書かれている。

めしのとりゆにてこね候て吉。又はぬる湯にても又とうふをすり水にてこね申事もあり。玉をちいさうしてよし。ゆでて湯すくなきはあしく候。にへ候てからいかきにてすくひ、ぬるゆの中へいれ、さらりとあらひ、さていかきに入、にへゆをかけふたをしてさめぬやうに、又水けのなきやうにして出してよし。

傍線部は「茹でそば麦を笊（ざる）ですくって、ぬるま湯でさらりと洗った後、笊に入れて、そこへ熱湯をかける。蓋をして冷めないように、そして水気をなくして出すのが良い」という意味である。こうした記述は、元禄二年（一六八九）刊『合類日用料理抄』にもある。これらのことから分かるように、昔のそばはやわらかくて、温かいうちに食べるものだった。客がやって来たら、店主はそば玉をザルに入れて、茹でたらザルのまま道の真ん中に向けて二度振って、水気を切りさっと出す。そのスピードはまさに職人芸。テイクアウトも可能で、出前も行っていた。つまり、最初は冷たいそばは少なかったのである。

その後、だしや醤油の普及によって、つけ汁が一般化したことで、現代の「そば切り」のスタイルになったのである。江戸の風俗を記録した『守貞漫稿』（一八五三～一八六七頃）によると、万延元年（一八六〇）の江戸の町には一町に約一軒のそば屋があり、全部で三七六三軒にも達していた。その頃には屋台だけではなく、店でそばを食べさせるところも増えていった。ちなみに現在の東京都のそば店の数は、タウンページで検索してみたところ二八四八軒である。

麺に汁をつけて食べる、いわばつけ麺タイプのそばは、その後も様々なバリエーションを増やしていった。まず、せっかちな江戸っ子は麺に汁をぶっかけて食べることも多かったことから、新材木町（現・中央区）の信濃屋が麺にあらかじめ汁をかけた「ぶっかけそば」を出して流行する。そのため、伝統的なつけ麺タイプのものはこれと区別するために「もりそば」と呼ばれるようになった。これは皿に盛られていた。

では、我々が親しむ「ざるそば」の誕生はいつだったのか。元祖とされるのは深川洲崎弁天（現・江東区、洲崎神社）にあった「伊勢屋」。せいろや皿ではなく、四角く平らな小さい竹ざるに盛って「ざるそば」とし、他店との差別化をはかり大成功した。これは享保二

「もりそば」

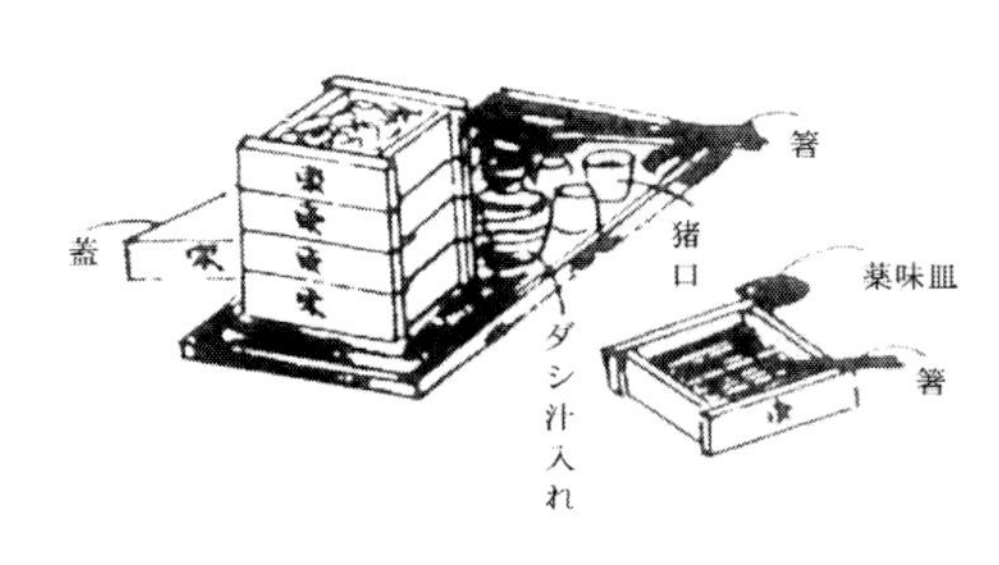

〇年（一七五三）に出た江戸の地誌『続江戸砂子』の中でも名物として紹介されている。ちなみに、海苔をかけて「ざる」とするのは明治以降のことで、本来は醤油と砂糖とみりんを多めにした、こくのあるざる汁を用い、わさびだけを添えるのが定法だった。ざるそばにはネギの薬味が付きもの。これは冷たいものをあまり食べない当時の人々が食あたりを恐れて添えたもの。ネギを神職の「禰宜（ねぎ）」と掛けて、毒を追い払おう、という小粋な洒落が隠されているのだ。

江戸時代のめんつゆ

前項で触れた『料理物語』の「蕎麦きり」の項目には続きがある。

汁はうどん同前、其上大こんの汁くはへ吉、花がつほ、おろし、あさつきの類、又からしわさびもくはへよし。

これは要するに、「そば切り」を食べる際の汁について触れている。この「同前」とあるうどんの汁とは、同書のうどんの説明で出てくる「煮貫（にぬき）」または「垂れ味噌」

で作るめんつゆのこと。折角なので、『料理物語』の「煮貫（にぬき）」と「垂れ味噌」の作り方を紹介しておく。

・煮貫
味噌五合、水一升五合、かつほ二ふし入れせんじ、ふくろに入れた候、汲返し汲返し三辺こしてよし。

（味噌五合・水一升五合・鰹二節入れて煮出し、袋に入れて滴らせる。垂れた汁を三回こしてから使う。）
・垂れ味噌
味噌一升に水三升五合入せんじ、三升ほどになりたる時、ふくろに入たれ申候也。

（味噌一升に水三升五合を加え、三升になるまで煮詰め、袋に入れてつるし、垂れ出る液汁を集めるものである。）
※ちなみに垂れ味噌に火を入れない場合は「生垂れ」と呼んだ。

現在、そばのつけつゆを「タレ」ということがあるが、これは垂れ味噌を略した名残ともいわれている。「煮貫（にぬき）」や「垂れ味噌」に大根おろしの汁を加えたり、薬味として花鰹・大根おろし・あさつき・辛子・わさびなどを加えたり、江戸の人達の蕎麦の楽しみ方は我々現代人に全く引けをとらないレベルだった。

「二八そば」の由来

そば粉だけのそばは「十割（とわり）」というが、一七世紀から一八世紀頃にはそば粉に小麦粉をつなぎとして混ぜる製法が生まれた。その中で特に有名なのは「二八そば」。

『守貞漫稿』では「寛文八年に二八そばが始まった」とあるが、それについて裏付ける資料が見つかっていない。「二八そば」の現時点での初出は、『享保世説』の中の享保十三年（一七二八）の箇所にある落首「仕出しには　即坐麦めし　二八そば　みその賃づき　茶のほうじ売」だ。

「二八」の由来については、未だに明確な答えはない。三田村鳶魚によると、江戸時代後期には、「二八そば」の由来について論争が起こっていたそうだ。有力なのは次の二つの説。

（配合率説）

蕎麦粉八割に小麦粉二割という割合で作られたから「二八そば」、これが配合率説。三田村鳶魚は、配合率説を唱えた初期文献『俗事百工起源』と『五月雨草子』

をそれぞれ紹介している。

二八といへるは、そばの事にて、二八は九々の数、二八十六と云へることと、売人も買ふ人も思へども、左にあらず。二八は蕎麦の品柄を云ひしものなり。二八とは、蕎粉八合にて、つなぎに饂飩粉二合入りしを顕はして書しものなりと、松岡子、予（＝著者宮川政運）に語りぬ。二六も同じ。―『俗事百工起源』写本　慶応元年（一八六五）自序　宮川政運著

世上に二八そばとて、価十六文のことと解するは誤りにて、二八は蕎麦粉八分、麦粉二分を以て調和し、多く麺を雑へざるを表せしなり。後に諸物価値下げの命ありし時、其の価を十五文に下し、店頭に三五と標したるは、誤りの更に誤るなり。―『五月雨草子』慶応四年（一八六八）喜多村香城著

しかし、「二八うどん」というものがある。そばと違って、うどんは小麦粉が十

割。そうなると、配合率説は難しくなってくる。

（代価説）

次に、江戸時代はそばの値段が十六文だったことから、かけ算「二×八＝十六」で洒落として「二八そば」というようになったという説。江戸時代の櫛屋も「十三や」（九＋四＝十三）という洒落の看板表記だったので、そば屋も同じような言葉遊びをしていたことは大いに考えられる。

『守貞漫稿』によると、「二八そば」は寛文八年（一六六八）四代将軍・家綱の時代に誕生したとある。値は十六文（十六銭）。慶応年間（一八六五～一八六七）に物価が高騰し、江戸のそば屋達が幕府当局に嘆願して二十銭に、その後二十四銭に上げてもらった。そのため、二八そばの看板は無くなったが、俗称「二八そば」だけは残った、とのこと。「二八そば」以外にも、当時は「二八うどん」も存在し、それもまた十六文の素うどんだった。安さを売りにしたそば屋では「二六そば」も

江戸のそば屋の価格表

御膳大蒸籠	代四十八文
一 そば	代拾六文
一 あんかけうどん	代拾六文
一 あられ	代二十四文
一 天ぷら	代卅二文
一 花まき	代二十四文
一 しっぽく	代二十四文
一 玉子とじ	代三十二文
一 上酒一合	代四十文

出て、これは十二文という値段。

しかし、貞享元年（一六八四）刊『当世軽口男』には「そば切屋一杯六文掛け値なし。」と書かれている。元禄三年（一六九〇）に江戸で出版された小咄本**『鹿の子ばなし』**でも「むしそば切、一膳七文」とある。物価の高騰等があったのだろうが、こうなると、こちらもやはり断言が難しい。

結局のところ、どちらが正しい、とはっきり明言するのは難しいのが現状である。個人的には、パッと値段の分かる代価説がちゃきちゃきの江戸っ子にピッタリはまりそうな気がする。また、「二八そば」の由来の論争が始まるまで、誰もこの問題を取り上げていなかったことから、それまで誰しもが値段のことと信じて疑わなかったのではないか、とも感じる。

年越しそばについて

そばといえば、「年越しそば」を思い浮かべる人も多い。現代では大晦日にそばを食べ風習があるが、江戸時代にはそれ以外にも「晦日そば」というものもあり、こちらは月の末日に祝って食べるそばのことだった。新暦（太陽暦）になり、毎月の末日を晦日とはいわなくなり、現代では大晦日に食べるそばを「年越しそば」と呼ぶ風習だけが残った。今でもそば店の外に「月末にはそばを食べよう」というのぼりが立っているが、それは毎月末の晦日そばのことだった。大晦日とは一年の最後の日。現在の新暦では十二月三十一日が大晦日だが、旧暦では十二月は毎回三十一日あるわけではなかったので、大晦日が前後することもあった。また、現代では深夜零時が一日の境であるが、昔はそれが日没だった。つまり、大晦日の日没と同時に新年が始まっていたのだ。

「年越しそば」を食べる意味は、いくつかある。そばの麺が細くて長いことから、長寿延命を願ったという説。そばは切れやすいので、今年一年の災厄を断ち切るという説。その昔、金銀細工師が散らばった金粉銀粉を集めるのにそば粉を丸めたものを使用したことから金を集める縁起物であるとする説。そばが健康に良いことから、新しい一年を健康な状態で迎えて幸先の良いスタートを切りたいという説等。様々な説があるが、どの説も晴れやかな新年を迎えるのにふさわしいものばかりである。江戸時代から始まった「年越しそば」いう風習だが、江戸時代の人達は普段もそばを楽しんでいたことは間違いない。十六文は現代の価格で三二〇円ほど。とてもリーズナブルな庶民の味方だった。

ところで、現代でも年越しそばを食べる人はどれぐらいいるのか。二〇一三年十二月二十八日に公表されたエスビー食品株式会社による調査では、二八〇人のうちの八八パーセントが「年越しそばを食べる予定である」と答えた。また、博報堂生活総研による、二年に一度の定点調査「生活定点」（二〇一四年度有効回答数　三二〇一人）に対し、「一年以内にした年中行事は何ですか？」と質問したところ、七三・一パーセントが「大みそかに年越しそばを食べる」と答えた。前回（二〇一二年度）よりも、三・一パーセント減少したようだ。博報堂生活総研によると、「最も特徴的なのは男性二十代で、全体より約一七ポイント低い五五・八％だった。逆に最も高かったのは女性四十代で、全体より約一〇ポイント高い八三・五％という結果である。二十代男性の回答が少ないのは、恐らく一人暮らしで「年越しそば」を用意する余裕がない、というのも大いにあると思われる。

「年越しそば」という呼称から、現代では除夜の鐘を聴きながら食べる方も多いようだ。しかし、現代では「年越しそば」は基本的には何時に食べても大丈夫なもの。「災厄を断ち切る」という意味では、できれば旧年中に食べることが望ましいのかもしれないが、風習も時代を経て変化していくもの。時間にとらわれる必要はないだろう。

【参考文献】
『図説江戸時代　食生活事典』日本風俗史学会編　雄山閣出版　一九七八年
『守貞謾稿』喜多川守貞　著‥朝倉治彦等編　東京堂出版　一九九二年
『娯楽の江戸　江戸の食生活』三田村鳶魚　中央公論社　一九九七年
『日本の食風土記』市川健夫著　白水社　一九九八年
『一日江戸人』杉浦日向子著　新潮社　二〇〇五年
『史上最強カラー図解　江戸時代のすべてがわかる本』大石学編　株式会社ナツメ社　二〇〇九年
『江戸物価事典』小野武雄編著　展望社　二〇〇九年

【参考ホームページ】
・「国立国会図書館デジタルコレクション」（利用申請不要の画像を使用）
http://dl.ndl.go.jp/

・エスビー食品株式会社ニュースリリース「「年越しそばに関するアンケート調査」
https://www.sbfoods.co.jp/company/newsrelease/2013/1312_enquete_toshikoshi-soba.html
・博報堂生活総研「生活定点」
http://seikatsusoken.jp/teiten2014/answer/342.html

〈対談〉 老舗そば店の役割

名誉会長　鵜飼良平
（一般社団法人日本麺類業団体連合会）
（上野やぶそば3代目当主）
（インタビュアー　鈴木克也）

―江戸時代、町人のそば文化が花開きますが、そこでそば店が果たした役割についてお話しください。

（名誉会長）「そば切り」が室町時代から始まり、豊臣秀吉の大阪城築城の際、工事現場でそばが提供されました。そこを「砂場」と呼んでいましたが、これがそば屋のルーツです。江戸城築城の時も同じようなことだったと思います。

それでも江戸時代の初期には寺院での精進料理や浅草・吉原などでの屋台売りが中心でした。

江戸でのそば文化が花開く

インタビュー風景

のは江戸中期になって職人や物売りなどの町人がある程度の経済的余裕を持ちだしてからのことでした。

―江戸っ子とそばは切っても切れない関係となり、町人を主体としたそば文化が形成されていきますね。

（名誉会長）「江戸っ子」（江戸の町人）は職人にしても物売りにしてもよく働いていましたので、仕事の合間に小腹に入れるものとしてそばを愛好しました。今でもそばの量は少なめですが、これは当時の名残です。

後期になるとまちの角々にそば屋ができるようになりました。そこではそば屋は一杯飲み屋（今の居酒屋）を兼ねるようになり、町人たちのたまり場の役割も果たすようになりました。歌舞伎や浮世絵、落語などでもそば屋が登場するようになりました。有名な忠臣蔵の討ち入りの時、浪士たちがそば屋の二階に集まりました。これが私どもの「藪（やぶ）」の店だったそうで、今でも泉岳寺にはその史跡が残っています。

―そうした中でそばの老舗ともいえるそばの名物店が育ってくるわけですが、「やぶ」を含めて老舗の役割を教えてください。

（名誉会長）私は藪本店（神田）からのれん分けされた「上野やぶ」の三代目の当主でした。今は四代目に譲っていますが…この店の創業は一八九二年ですが、総本家の神田藪は一八八〇年の創業ですし、その元祖となった蔦屋は江戸時代から仕事をしています。いずれも、相当長い歴史を持っています。

「老舗」は自分が名乗るものではなく、お客さんが信頼してそう呼ぶものですが、一〇〇年以上の歴史を持ち、変わらぬ味や、様式をもっていることが条件です。各店はそばの打ち方、料理の出し方、容器の使い方、店の雰囲気などあらゆることにこだわりを持っています。例えば上野やぶの器は漆塗りでなければならず、それも何十年にわたって同じ店から

上野やぶそばの本店

手に入れています。このようなこだわりが何代もにわたり受け継がれており、これが文化ともなっているのです。この食文化は奥深いものですから、これからも簡単に揺らぐことはないでしょう。

―今後のそば業界の課題としてはどのようなことがありますか。

（名誉会長）まずは人材の育成です。私は理事長の時、そば打ち認定制度の必要性を主張してきました。今では全麺協がそば打ち段位の認定制度を制定しています。そこには現在一万二〇〇〇人が登録されています。実際にはアマチュアでそば打ちを修行している人はその二倍はいると思われます。この人たちが今後の日本のそば文化を支えてくれると思っています。

もう一つは、そばの国際化についてです。そばは世界で食されていますが、麺の形で食され、奥深い文化ともなっているのは日

そば打ち段位認定制度

段位認定制度

全麺協が制定した
「素人そば打ち段位認定制度」
そば打ちによる「仲間づくり」
「地域づくり」を通して、
「人格形成（自分づくり）」を
目指しましょう。

本独自のものです。いま世界中で健康への関心が高まり、和食ブームとなっていますが、このそばを国際的に普及していくいい機会だと思っています。すでに、ニューヨーク、ロサンゼルス、ロンドンなど欧米の大都市には日本のそば店が進出していますが、一般への普及はまだまだです。二〇二〇年の東京オリンピックは国際的にそばを知ってもらういい機会なので「そばロード」をつくってはどうかと関係筋に働きかけているところです。

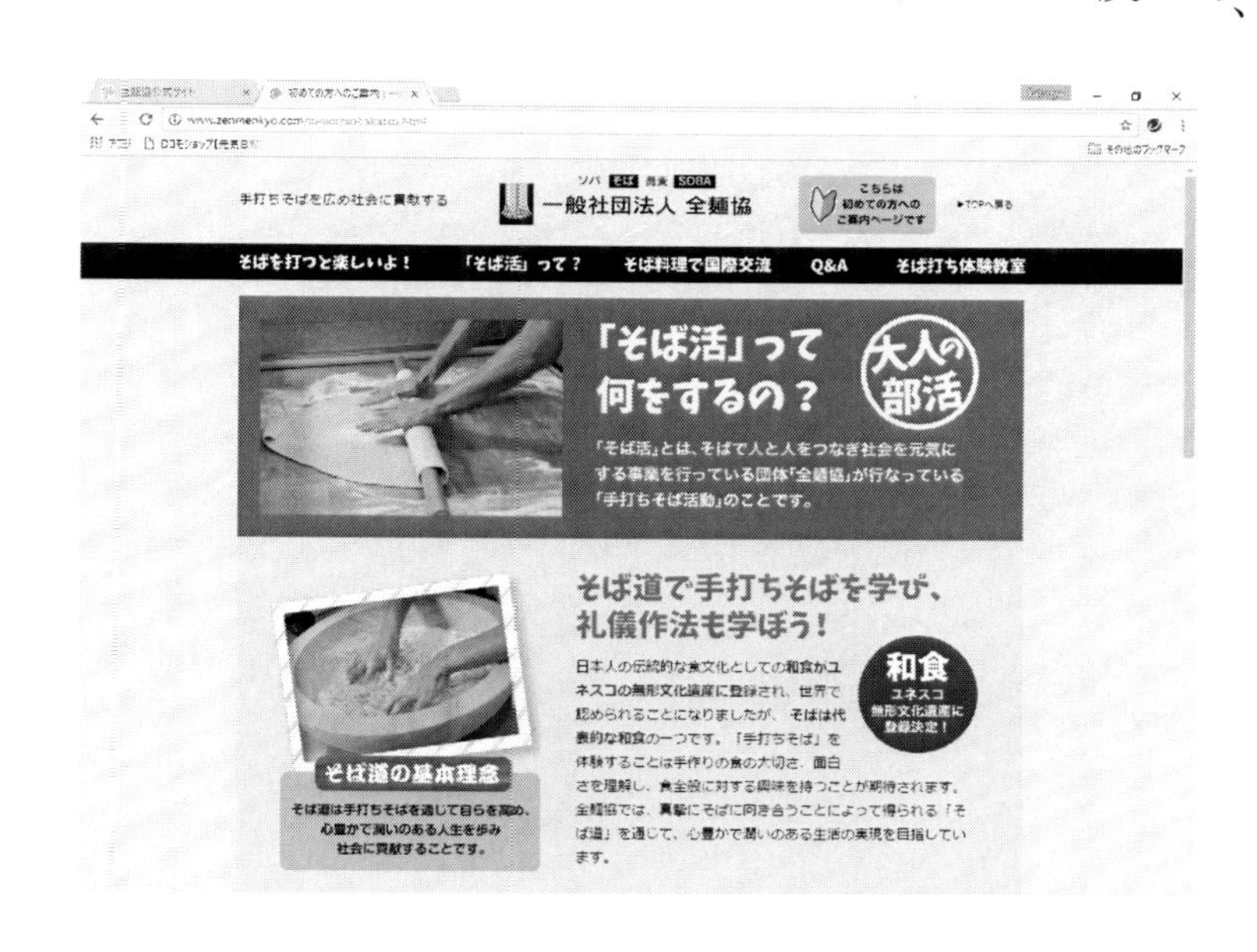

第６章　そばの歴史と文化

エコハ出版

鈴木克也

縄文時代

そばの原産は中国北西部だとされているが、そばの生命力は強く、土壌や気候条件にも適応力があるので、世界のどこでも採取・栽培されている。

日本でも今から九〇〇〇年前の縄文時代の遺跡からそばの花粉が見つかっている。

これは、北海道の美々遺跡・御殿山遺跡はじめ、日本海側の各所に拡がっており、当時そばが栗やヒエと並んで日常的に食されていたと思われる。（注1）

これが日本で自生していたものか、中国北西部から渡来したものかについては諸説があるが、縄文時代末期から弥生時代にかけては、中国や朝鮮との交

（注１）ワシントン大学の塚田松雄よると、島根県飯石郡頼原超から１万年前のそばの花粉が発見されている。また高知県高岡郡佐川町では 9000 年前のそばの花粉が出土している。北海道でも 5000 年前のそばの花粉が出ている。（戸川健夫著『日本の食風土記』

流がしきりにあったことは事実であろう。その中で米作が伝来し米中心の弥生文化が形成されることになる。

このことについて、日本海側に住んでそばを常食とする民族と古事記でいう高天原など神代の舞台に住む民族との交代があったのではないかとの説は興味深い。（注2）

奈良・平安時代

奈良時代には改めて中国からそばが伝わったとされ、八三九年には「曽波（そばむぎ）」や「久呂無木（くろむぎ）」として栽培を奨励されたとの記録があるが、一般的に拡がることはなかった。（注3）

平安時代中期に、僧・歌人である道命が山の住人よりそば料理を振る舞われたとの歌もあるが、この時代のそばはあくまで農民が飢餓に備えてわずかに栽培するようなものだったとされる。

（注2）朝鮮の百済から要請されて白村江派遣された倭国の跡地から炭化したそばが見つかったことから、この民族はそばを常食としていたとされる。

（注3）『続日本書紀』の中に奈良時代の女帝天正天皇が「寛農の詔（みことのり）」で救農作物としてそばを上げている。

そば切りの技術（室町時代）

以上のように、日本人は古くからそばを食してきたが、それは粥や団子、せんべいのようなものであったと考えられる。

最近のように「そば切り」として、麺の形で一般に食されるようになるのは江戸時代以降である。

「そば切り」が記録に表れるのは一五七四年長野県木曽郡の定勝寺の寄進記録である。これを記念して信州そば振興会では信州を「そば切り発祥の地」としてこれを地域ブランドにしようとしている。（柱４）

これは室町時代の後期であるが、当時、すでに小麦粉を手でのばす「そうめん」が普及しており、それをさらに細かく切る「包丁」が使われることになったと思われるが、この日本独自の「そば切り」の技術がどのようにして生まれたかについては明確な史料がない。

（注４）「そば切り」が最初に文書として現れるのは信州・鄭商事の古文書であるが、実際にはもっと以前から行われていたという説もある。

その後、「そば切り」が史料にあらわれるのは豊臣秀吉が大阪城の築城にあたって、その職人や人夫に供したというものである。（注５）

庶民の食文化として（江戸時代）

いずれにしても江戸初期には「そば」が登場しているが、当時はまだ「うどん」が中心で、江戸でも「そば」が一般に普及することはなかった。そばの研究者として知られる新島繁氏の書物でもそばが一般庶民の食文化として開花するのは江戸時代中期以降のことである。

（注５）大阪城築城の際、工事現場に「砂場」がありそこでそばが提供された。これがそば老舗の始まりである。

そば屋のルーツ・「砂場」

「摂津名所図鑑」に描かれた「砂場」の様子

江戸でそばが普及するきっかけとしては、吉原の「正直そば」「けんどんそば」「夜鷹そば」「風鈴そば」などの屋台であった。

江戸中期には期江戸の経済活動が活発になりいわゆる「江戸っ子」が定着し、、その一つの形として「そば文化」が花開いた。

一八〇〇年代文化文政の頃にはその全盛期を迎え、江戸ではそばがうどんを抑え、「そば切り」が圧倒的となる。

江戸幕末一八六〇年の「定貞漫福」の中に三七六二軒のそば屋が談合したという記録がある。当時の江戸の人口は一〇〇万人にも達していたが、そば屋がいかに繁栄していたかが分かる。

このそば繁栄の理由として、江戸には独身の男性が多かったこと、当時「江戸病」といわれた脚気が流行っており、そばに含まれるビタミンBの効果があったことも指摘されている。

本書では第5章において「江戸っ子」とそばぶんかについてみた。

生き残った老舗（明治・大正・昭和）

明治維新になって牛鍋や洋風料理が流行し、従来の食文化はすたれていったが、「そば」は「寿司」とともに生き残った。夜の屋台は政府の抑制政策もあり、減少したが、老舗専門店は各地で定着した。

このそば専門店の土台となったのは「徒弟制度」であった。これは他の料理店でも同じようなことがいえるが、職人の育成と暖簾（のれん）分けがこの伝統を支えた。その中で「砂場」「藪」「更科」「東家」などの老舗が生き残り、現在でも大きな存在感を示している。この老舗そば屋の系譜については岩崎信也氏の『蕎麦屋の系図』に詳しく紹介されている、

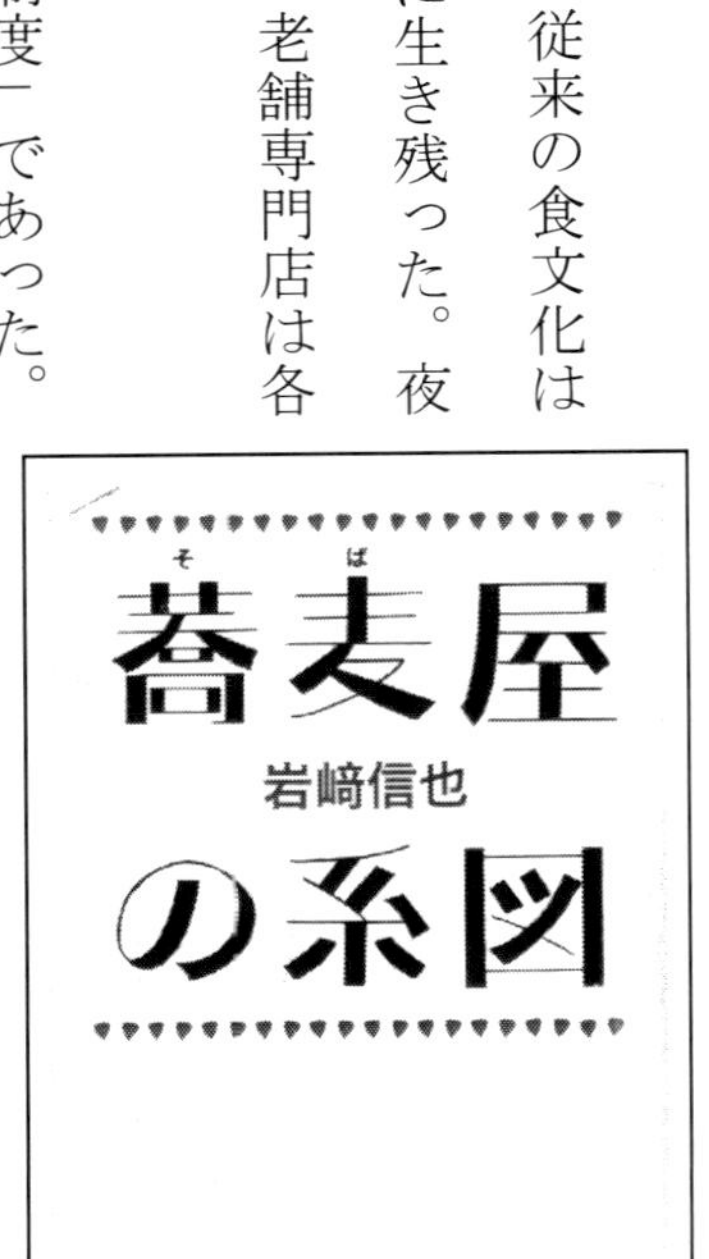

多様なそば店の出現（戦後）

戦後は様々な形態のそば店が次ぎ次ぎと生まれている。

統計によると、現在、全国にそば店は約二五万店もある。人口一〇万人当たりのそば店は一九・二店であるが、そば店数ナンバーワンの長野県では五二店、なんば―2の山形県では五一店、三位の福井県では四四店にもなっている。こうなるとどこに行ってもそば店があるということになり、極めて身近な存在となっている。

そば店は各地のそば粉や海外からの輸入そば粉が気軽に入手でき、そばを打つ自動製麺機もできている。居酒屋等との兼業のチェーン店や駅そば・駅前そばなどのファーストフード型「立ち食いそば」、農業との兼業による自家そば店など、多様なそば店である。そば店が比較的簡単に開業できるところから脱サラのそば店、高齢者によるコミュニティビジネスとしてのそば店が生まれるのも特徴である。

これらの新しいタイプのそば店が伝統のあるそば文化を崩すのではないかとの危惧の念も聞かれるが、このようなそばの広がりの中でこそ、本来の「そば文化」

が鍛えられるという考え方もある。暖簾（のれん）だけで安穏としていては生き残れないのである。

第７章　そばの生産と消費

エコハ出版
編集部

植物としてのそば

そばはタデ科ソバ層の一年生植物である。一般の穀類が単子葉類であるのに対してそばは双子葉類である。ここでは各種資料より植物としてのそばの特徴を簡単に整理しておこう。

そばの栽培

①短期間での収穫

種まきをしてから七〇～八〇日で収穫できる。日本では八月に種をまき、十月ごろに収穫する「秋そば」が主流だが、四月に種をまき七月に収穫する「夏そば」もある。北海道で中心となっているキタワセソバは「夏そば」である。

②花が長く咲く

まかれた種は一週間ほどで芽をだし、一カ月ほどで花をつけ始める。この花の咲き方には特徴があって、株の下の方からさきはじめ、成長とともに上の方に咲いていく。このため、花の咲いている期間が長く、美しく可憐な花が長くみられる。

③受粉には風や虫の助けが必要

そばの花は「雌雄同花」であるがめしべが長く雄蕊の短い「長柱花」とめしべが短く雄蕊の長い「短柱花」があり、受粉のためには風や虫の助けが必要である。

④三稜体の実

ソバの実は黒茶色での三稜体となっており、米や麦より大きい。

そばの実

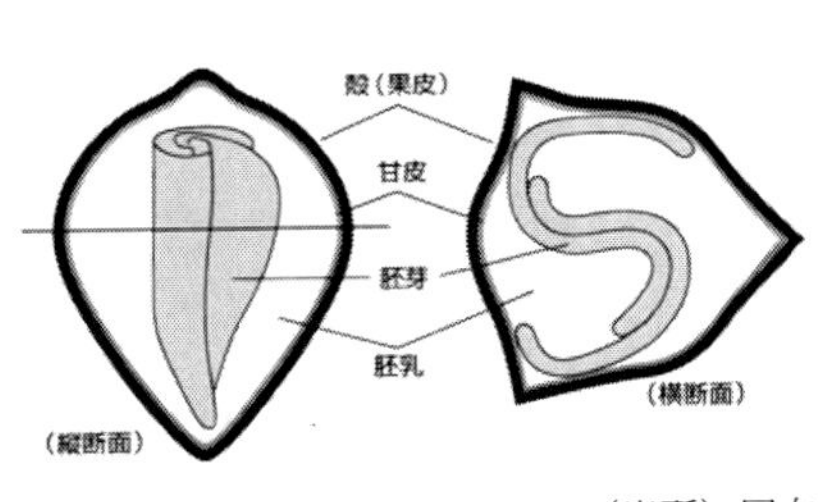

（出所）同右

そばの花

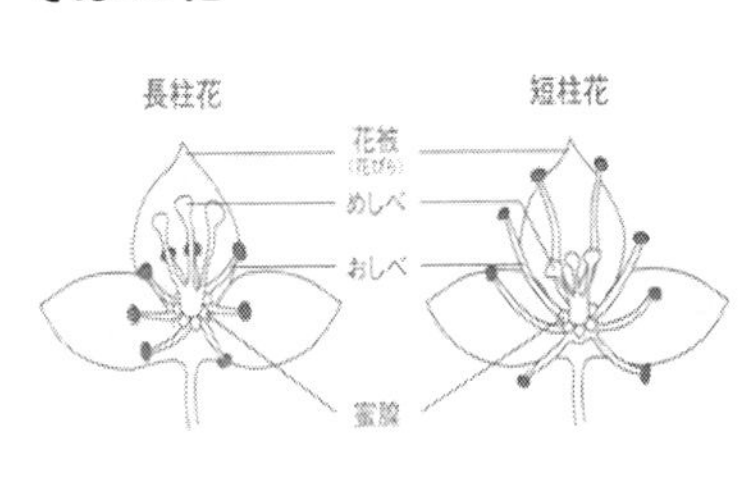

（出所）そばの国だより『そば学入門』

単位当たり収穫量は米や麦に劣っていたが、最近では品種改良でかなり改善されてきた。

⑤肥料や農薬は必要ない

ソバは冷涼な地や高地の斜面でも栽培可能で病害虫にも強いので、肥料や農薬はほとんど必要ない。いま、野菜や果実で問題となっている肥料や農薬の害の心配がないのは大きな長所である。ただし、そばアレルギーのある人には不向きである。

そばの栽培

そばの作付け面積の推移をみると図表7－1のとおりである。農林省の統計によると、一九八六年に

図表7－1　そばの作付面積と収穫量の推移

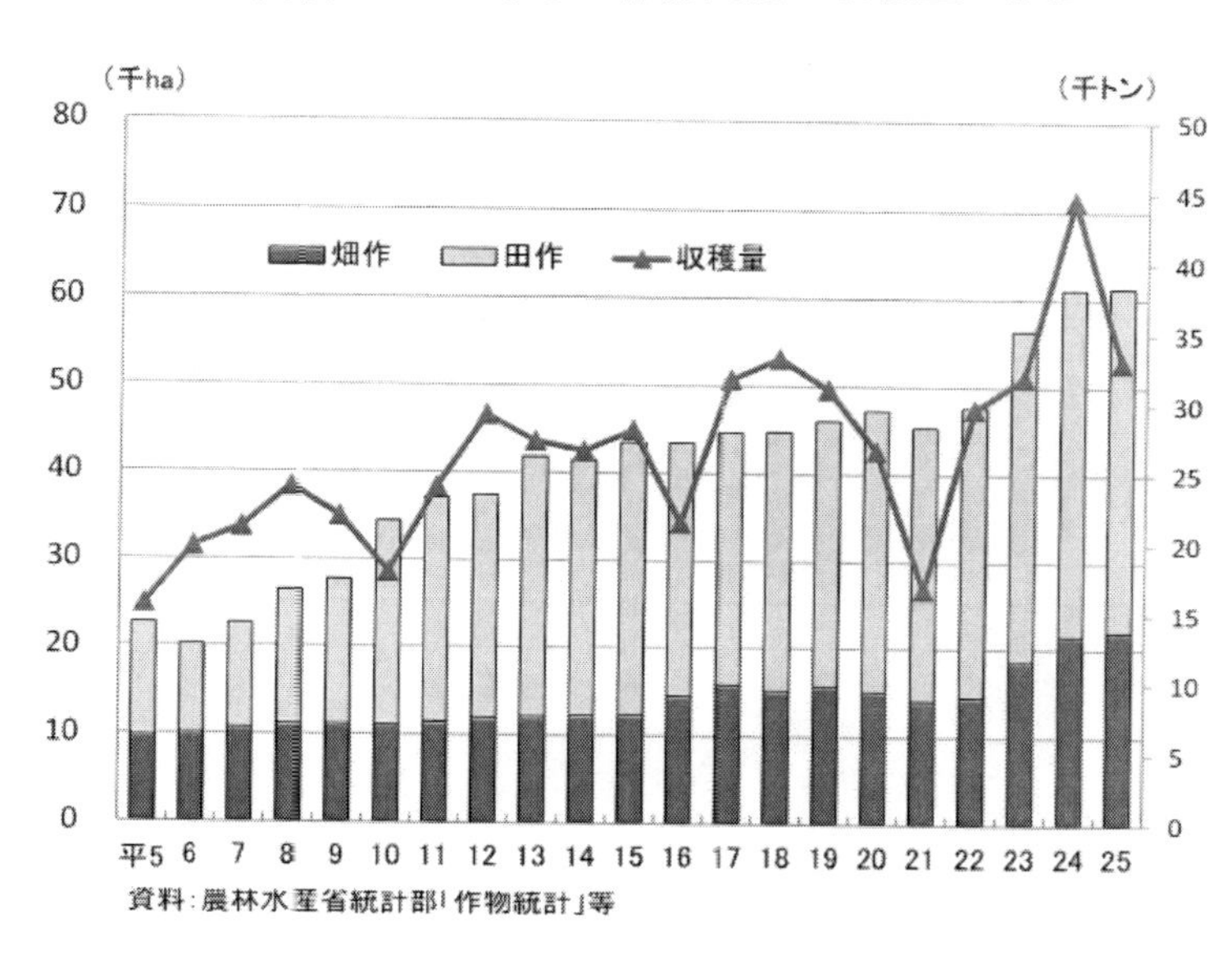

資料：農林水産省統計部「作物統計」等

は一万九八〇〇haであったが、二〇〇四年には四万三五〇〇haになっている。しかし、米の減反政策との関連で休耕田でのそばの栽培が促進されたため、二〇一一年には五万六四〇〇haにまで急拡大し、一時は六万haを超えた。二〇一五年現在では五万八二〇〇haである。

国内の産地

国内産そばの収穫量をみると、（図表7−2）北海道が三七・九％と第一位を占めており、次いで茨城県七・四％、長野県六・一％、山形県五・六％、福井県四・七％、栃木県四・六％、福島県四・六％となっている。この七都道府県で七五％を占めている。

これまでどちらかというと、自然栽培が多かったが、最近は多収性、難脱粒性倒

図表7-2　近年育成された新品種

伏しにくい（機械収穫性）などの品質をもった新品種の開発も進んでいる。

最近の新品種としては、北海道の「レラノカオリ」、「キタノマシュウ」、「満点きらり」、東北地方の「にじゆたか」、新潟県の「とよむすめ」、長野県の「タチアカネ」、「長野S8号」、九州の難脱粒性、機械化収穫適性などを目指したものである。

そばの需給

そばの需給については、農林水産省統計部からデータが公表されている。（図表7―3）

それにより、まず、そばの国内消費量の推移をみると、明治三十三年（一九四〇年）には一四万八千トンが国内で生産・消費されていた。

昭和五年までは一〇万トン台を維持してきたが、戦争の始まる昭

図表7−3　上位5道県の生産状況（平成26年産）

道県名	作付面積（ha）	単収（kg/10a）	生産量（トン）
全　国	1,470	121	1,780
都府県	1,060	90	957
北海道	404	204	824
青森県	246	177	435
秋田県	88	47	41
熊本県	74	68	50
福島県	67	37	25

資料：農林水産省統計情報部「作物統計」　4

和十五年には七万三千トンとなり、戦後も昭和四十五年には一万七千トンにまで減少した。それを補う形で輸入が始まり、その年には四万二千トンが輸入されている。

平成十二年（二〇〇〇年）には国内生産量は二万九千トンと回復し始めるが、輸入量は一〇万トンとなり、自給率は二二％になってしまった。（図表7－4）

最近の需給動向をみると、平成二十五年度（二〇一三年度）の国内消費は約一四万一千トンであり、そのうち国内で生産されているのは九万五千トン、自給率は二四％である。

平成二十三年度（二〇一一年度）からの「経営所得安定化対策」の導入により、田作が増えたため一時自給率は高まったが、その後、低下傾向となっている。

図表7－4　そばの需給

単位：千ha、千トン、％

	国内消費仕向量	国内生産量	輸入量	自給率
21年度	121	17	106	14
22年度	121	30	111	25
23年度	119	32	94	27
24年度	132	45	102	34
25年度	141	33	95	24

注：輸入量は、玄そば及びそば抜き実（玄そば換算）の合計

もちろん、江戸時代には一〇〇%の自給率であったし、明治時代には輸出もされていたので、今の自給率の水準は低いといえる。

輸入国としては中国からが八五%を占め、アメリカが十三%で、両国を合わせて九十%を超えている。

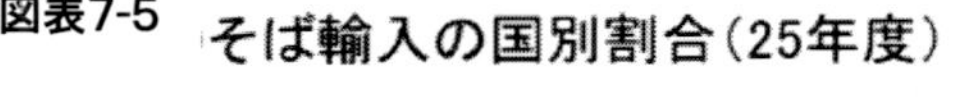
図表7-5　そば輸入の国別割合（25年度）

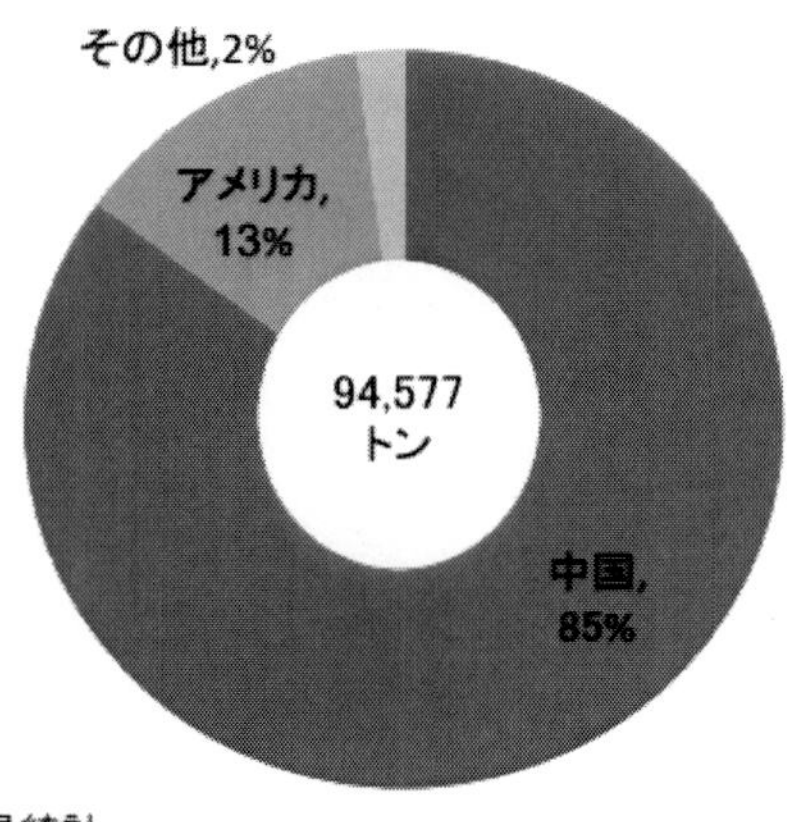

資料：貿易統計
注：玄そば及びそば抜き実（玄そば換算）の輸入数量の合計

第８章　そばと健康

エコハ出版
編集部

昔から知られていたそばの効用

そばが体に良いことは古くから知られている。江戸中期に刊行された『蕎麦全書』では、次のように書かれている。

「主な効用は、のぼせを下げ、腸をゆるめ、胃腸の残渣を柔らかくし、宿便を取り除き、むくみ、小便の濁り、下痢、腹痛、のぼせ、あるいは上気して熱っぽい者に適する。また、小児のひきつけ、関節痛、関節の腫れに練って貼り、使用して治す」（新島繁、藤村和夫訳『蕎麦全書伝』）

そのことを農林水産省発行の成分表を参考にしながら、現代風にみておこう。（図表７−１）

良質なたんぱく質

そば粉一〇〇gに含まれるたんぱく質は一二・〇gで、小麦粉の九・〇gと比べて高い。しかもそれが良質なのである。タンパク質には人間の体に必要な九種類の必須アミノ酸がどのような割合で含まれているかどうかが問題であるが、そばはそのバランスが良いのである。

もちろん、タンパク質といえば、肉類などの動物性たんぱく質も重要だが、これにはコレステロールなどが付随し、動脈硬化などの成人病の原因となる。その点、小麦粉などは良いのだが、必須アミノ酸の一つのリジンが少ないので、吸収が悪く、バランス値は四二にとどまる。そばは、その値が一〇〇gであるため、タンパク質

図表8-1　そばの成分

主な成分		可食部100g中の含有量		
成分名	単位	そば粉	精白米	小麦粉(中力)
エネルギー	Kcal	361	356	368
たんぱく質	g	12.0	6.1	9.0
脂質	g	3.1	0.9	1.8
炭水化物	g	69.6	77.1	74.8
ナトリウム	mg	2	1	2
カリウム	mg	410	88	100
カルシウム	mg	17	5	20
マグネシウム	mg	190	23	18
リン	mg	400	94	74
鉄	mg	2.8	0.8	0.6
亜鉛	mg	2.4	1.4	0.5
銅	mg	0.54	0.22	0.11
マンガン	mg	1.09	0.80	0.50
ビタミンE (トコフェロールα)	mg	0.2	0.1	0.3
ビタミンB1	mg	0.46	0.08	0.12
ビタミンB2	mg	0.11	0.02	0.04

（出所）蕎麦健康館（ホームページ）

（柱）平成１７年度文部科学省科学技術審議会「日本食品標準成分表」成分表より

の吸収率が高いのである。

また、アミノ酸の一種シスチンは肌を滑らかにし、生き生きとした艶と張りを持たせる働きがあるため美容にも良いとされる。

吸収されにくいでんぷん

そば粉には、炭水化物も相当含まれているが、吸収されにくいのが特徴である。この吸収率はＧＩ値で表されるが、日米を一〇〇とするとそば粉は五〇である。このことはエネルギー効率という面ではマイナスであるが、現代病の一つである肥満にはなりにくいという特性があり、現代では大きなメリットとなっている。

ただし、でんぷんの中に含まれる「アミローゼ」は、そばの風味を出すのに重要な役割を果たしている。

豊富な食物繊維

そば粉に含まれる食物繊維は穀物の中でも最も多く、さつまいもをも上回っている。

食物繊維は、便通をよくし、美容の大敵である便秘をなくするだけでなく、血液中の脂肪やコレステロールを吸収する効果がある。「体の中の血液をきれいにする」というのは、江戸時代から知られていたが、特にコレステロールが現代病の大きな原因になっているので、その効果はますます大きな役割をもつようになっている。

ビタミンB群

そばにはビタミンＢ群が豊富に含まれている。特にビタミンＢ１は脚気に効くので江戸で流行した脚気への対策として重要視された。この病気は重症になると、心不全や抹消神経障害にもつながるので、Ｂ１摂取の必要性は大きい。

一方、穀物全体にいえることであるが、ビタミンＡやＣの含有量は少ないので、大根おろしなどとともに食するのが理想的である。

注目に値するルチンの効果

そばの効能の中でも注目に値するのが、ポリフェノールの一種であるルチンである。このルチンは、ビタミンPとも呼ばれている。

このルチンの効能については、日本蕎麦協会の『そばの栄養』に詳しくあるが、毛細血管の虚弱の是正、動脈硬化の危険因子の低下、心疾患の予防、糖尿病の予防のほか、癌の原因となる活性化酵素の酸化作用を抑制する効果がある。

このルチンは普通そばにも多く含まれるが、本書でも紹介している「だったんそば」には、その一〇〇倍以上の含有率となっており、最近では非常に注目されるようになっている。

塩分を吸収するカリウム

小麦粉などに比べると、ミネラル分も多く含まれる。特に塩分を吸収するカリウムが多く含まれている点は注目に値する。

塩分過多は現代病の高血圧につながるので、このカリウムの含有は効果が大きい。しかし、カリウムは非常に水に溶けやすいので、そばを湯がいた「そば湯」を食するのが理にかなっている。

第９章　そばを楽しむ

エコハ出版
鈴木　克也

日本人のそば好き

日本人にとってそばはきわめて身近な食文化であり、長い歴史の中で多くの人がそれぞれの好みに応じて、様々な講釈をしてきた。

今でもそれぞれの人がそばについての感想と意見をもち、それを話題とする傾向がある。

それがどれほど科学的もしくは合理的なものかは別にして、そばに愛着をもち、それにこだわり、それを話題にすること自体、人々の心の余裕のあらわれであり、きわめて好ましいことだと思われる。それらを含めて奥深い食文化が形成されていくものだからである。本章では、そばを楽しむという観点から、ことわざや小説などでも取り上げられているいくつかのポイントを話題提供のため面白がって整理しておこう。

採れたて、打ちたて、茹でたてがうまい

食べものは総じて、鮮度が大切であるが、そばは特にそれが強調される。そのため、昔から「新そば」が愛好されてきた。島崎藤村の『夜明け前』の中にも、「新そば」を祝いものにしようとの話がでてくる。（コラム２）そのようなこともあり、秋には各地で「新そばまつり」が催される。最近はもっと早く新そばを味わいたいということから、北海道や長野で「夏そば」が盛んに栽培されるようになってきた。もちろん、茹でたそばがのびてしまったのでは風味が半減する。夏目漱石の『我輩は猫である』の中で迷亭先生がそばの講釈をするところがあって面白い。（コラム１）

コラム1　夏目漱石『吾輩は猫である』

苦妙弥氏宅に上がり込んだ迷亭先生の目の前にみずから注文したそばが運ばれてきた。「打ち立てはありがたいな。蕎麦の延びたのと人間の間が抜けたのは頼母しくないもんだよ」と薬味をツユの入れて無茶苦茶にかき回す。「君そんなに山葵を入れると辛いぜ」と主人は心配そうに注意した。

「そばはツユと山葵で食うもんだあね。君はそばが嫌いなんだろう」という迷亭先生はそばの食べ方を講釈する。・・・

コラム2　島崎藤村『夜明け前』

主人公青山半蔵は妻お房の実兄の家に次男の正己を養子に出すことにした。「今夜は妻籠の兄さんのお相手に正己にも新蕎麦のご馳走をしてやりましょう。・・・」

つゆには三分だけつけ音を出してすする

そばは香りとのどごしを味わうものだから、つゆにたっぷりつけると味が分からなくなるし、そばをくちゃくちゃとかむとのどごしも味わえないとされる。

これについては異論もあり、つゆの味の濃さは店ごとにちがっており、よくかむことで味のでる品種もある。落語や歌舞伎などに出てくる理想的なそばの食べ方はそれを誇張しているもので味わい方は個人の趣味でよいとの説もある。

町方そばと田舎そば

江戸で拡がったそばは、信州そばの系統のものが多く、「更科そば」のように色が白く、細目の、見た目にも上品なものが好まれていたようである。それをざるやもりで素朴なままで速く食べるのが「通」といわれていたようである。しかし、これはあくまで江戸を中心とした「町方そば」の味わい方であって、地方では様々なそばの形がある。つゆにも様々なものがあるし、そばの太さや硬さも様々である。

それらを「田舎そば」と称すること自体、せっかくの多様なそば文化にとっては好ましくないようにも思える。

これは飲食店に限ったことではないが、日本人は一般にブランドやランキングに影響されることが多い。確かに有名な店やものは一定の水準を満たしているため、安心して利用できるが、常にそれに依存していると評価のレベルや多様性に問題が生じる。

そばを栽培し、打つことを楽しむ

そばを食べることを楽しむだけでなく、そばを栽培したり、そばを打つことを楽しむ人も多い。

石川文康氏の『そば打ちの哲学』には趣味としてそばを打つことの楽しみをこと細かに描いていて面白い。確かにそばを受

そば打ちの哲学

動的に食するだけでなく、それを趣味としてそばづくりやそば打ちに能動的にかかわり、そこに楽しみをみつけるのは最高の「道楽」といえる。仕事のように利益とか成果という目的をもつのではなく、「遊び」「戯れる」こと自体を楽しむということで、人生の様々な経験をした人が時間と手間をかけ、そばづくりやそば打ちに熱中し、その同じ趣味をもった人たちが「そば打ちの会」などに集い、そば談議をしている姿は微笑ましい。それらがそば文化を豊かにし、結果として地域や社会をゆとりのあるものとしていくのは間違いない。

そばは地域の宝物

昔のことわざの中に「そばをつくると村が栄える」「そばづくりに飢饉なし」などがある。そばは気候変動に強く、生命力もあるので、飢饉対策として続けられてきたが、米作と比べるとどちらかというと「日陰作物」と考えられてきたのかもしれない。しかし、最近は、そばの成分が血液系の生活習慣病の予防に効果があり、美容やダイエットにも良いことがわかったので、にわかに注目されるようになった。その際、各地の「郷土そば」と呼ばれるような多様なそばがこの「そば文化」を豊かなものとしてくれる。

ことわざにある「そばと坊主は田舎が良い」というのは誇張であるとしても、地方のそばが見直されているのは、好ましいことだと思われる。

コラム3　ことわざ・川柳・俳句

（ことわざ）

・そばをつくるとむらが栄える

・そばづくりに飢餓なし

・そばの自慢はお金が知れる

・そばと坊主は田舎がよい

・一そば、二炉達、三そべり（そべりは寝入りの方言）

・長者なら箸でも喰う

（川柳）

・「長くあるものとは見えぬそばの花」

・「蕎麦を打つ継（つなぎ）に歌君を見せ」

・「どこどこにあると数える夜そば売り」

（俳句）

・「そばはまた花でもてなす山路かな」（芭蕉）

・「お国自慢はそば自慢」（一茶）

・「そば時や月の信濃の善光寺」一茶

・「国がらや田にも咲かせるそばの花」（一茶）

第 10 章　世界に拡がるそば文化

エコハ出版

鈴木　克也

世界のそば料理

そばは生命力があり、環境適応力の強い植物なので世界各地で自生したり、栽培されている。それぞれの国ではそれぞれの形で料理され、主食として、もしくは副食として食されてきた。ここではまず、世界のそば料理を図表10―1として整理し簡単な特徴を記す。

①麺状は少ない

日本のようにそばを麺状に切ってつくるというのは少ない。麺状にして食べる国は中国、南北朝鮮、ネパールなどであるが、中国や南北朝鮮では切るのではなく、ところてんのように押し出して作られる。

②ガレット・プリニ

フランスでは小麦粉でつくるクレープと並んで、そば粉でつくるガレットがある。目玉焼き、ハム、チーズなどを包んで食べる。また、プリニはロシアのプルヌイがフランスに伝わったもの。そば粉に牛乳やバターを加え、溶かしたクレープ。キャビアや目玉焼きを乗せて食べる

③ピッツオッケリ

イタリアで生まれたそば粉を使ったパスタ料理。幅広で短い。キャベツと一緒に茹で、品肉、バターチーズを溶かしたものをかけて食べる。

ガレット

ピッツオッケリ

④そば粥・カーシャ

世界のそば生産の第1位はロシアであるが、ウクライナなども含めた旧ソ連ではカーシャといってそばをお粥にして食べるのが主流である。これにバターや牛乳を入れて食べる素朴な料理である。これが東欧さらにはイタリアに拡がり、いろいろなバリエーションもできている。キャビアやにしんを入れた豪華なものもある。

⑤ヒマラヤ諸国のロティ

ヒマラヤの高原地帯では今もあわ・ひえ等と並んでそばが主食となっている。食べ方は日本のお好み焼きのようなものである。そば粉を固めに練ってフライパンか直火で焼き、ニンニクやトウガラシのきいたたれをつけて食べるのである。

⑥中国の伝統的な食べ方

中国はそばの原産地とも言われているが、今でも西北部の高原地帯ではそばが多く栽培されている。そばの伝統的な食べ方は、河漏（かろう）といって、そばをの

カーシャ

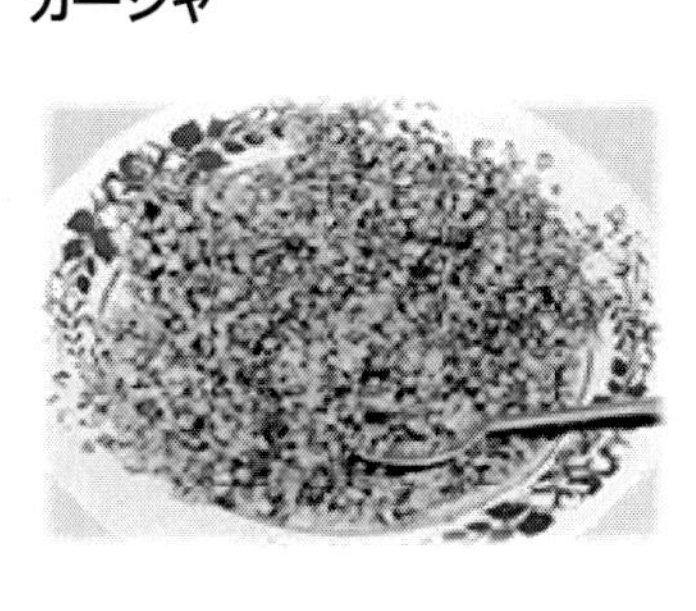

ばし、せんべいのようにして、あるいはお湯をかけて食べるものである。

麺状のものもあるがこれはところてんのように筒から押し出して食べるものである。また、北方の内蒙古あたりには「猫の耳」と言ってそばを猫の耳のように延ばして、マカロニのようにして食べるものもある。

⑦朝鮮の冷麺・ムック

南北朝鮮　、特に北朝鮮では古くからそばの栽培が盛んであり、そばもよく食べられてきた。有名なのは平壌冷麺である。これはそば粉と小麦粉を混ぜ延ばして、茹で、それを冷やして、その上にスープをかけたり、キムチを乗せたりして食べる。また、ムックは日本の羊かんのようなものであり、辛い薬につけて食べる。正月や結婚式のような祝い事の際に出される。

モルチフ（猫の耳）

図表10.-1 世界のそば料理

フランス **ガレット**	そば粉と水と塩を混ぜたものを薄焼きの生地とし、上に卵、ハム、チーズ、きのこ等をのせて包んだもの
ブリニ	そば粉と牛、バターを薄焼きにした生地の上に卵やキャビアを包んだもの
イタリア **ピッツオッケリ**	そばのパスタ麺は幅広で短め、野菜やチーズの入ったソースを絡めて食べる
ロシア **カーシア** **ブルヌイ**	そばのむき実や挽き割りの実を使った粥 ロシア代表的な家庭料理 フランスのブリニをルーツとするクレープ料理
イギリス **ポーランド**	そば粉を使ったプディング
スロベニア **インド・ネパール** **ブータン**	そば粉をパンやソーセージに入れたもの そば粉を水で錬って薄焼きや厚焼きにしたもの そばを押し出した麺、そばパン
韓国	冷麺やレバー料理にそばを使う
中国 **アメリカ、カナダ** **ムック**	麺やワンタン、餃子の皮、お茶、酢、ところてんのように押し出す、日本のやきそば風 そばパンケーキ、クレープ、健康食品 羊かんのようなもの

（出所）各種資料から作成

世界への普及活動

周知の通り、最近は世界各地で「和食ブーム」が起こっている。その中でも蕎麦は気軽に食べられ、ダイエットや美容にも良いので、世界の人々に受け入れられやすい。

その際、そばを単なるファーストフードとして提供するのではなく、つゆやそば湯、突き出し料理と併せて提供するとともに、容器、店の雰囲気、もてなしの心といったソフト面を含めた「そば文化」として提供したいものである。

これは国際商品としてのそばに付加価値を付けるということだけではなく、日本人のものの考え方を理解してもらうためにも良い機会となるはずである。

実は日本の中でも若者を中心に「蕎麦離れ」の傾向も現れ始めている中で、「そば文化」が世界的な広がりを持つことにより、これを手掛かりに国際交流できれば日本文化の奥深さを再認識する機会ともなると思われる。

むすび

本書では日本独特の食文化である「そば」を取り上げ、その歴史・風土・文化などを概観した。中でも特に焦点をあてたのは、「そば」が日本の各地において、即得の地域ブランドとなっていることである。そこでは、そば農家、そば専門店だけでなく、そばの愛好者、そば研究者、行政など様々な人たちがそれにかかわっていることである。そこでは、「そば」が地域づくりやまちづくりともつながっている。

このような日本独特の食文化は長い歴史の中で培われてきたものであるが、それは単なる過去のものではなく、現在も色々な営みが続けられ、何よりも多くの人々がこれを誇りにし、愛好し続けられていることが、存続の条件である。

「そば」を楽しむには、各地にある様々な店を食べ歩き、そばの食味をめでるだけでなく、店の雰囲気や小料理、容器などのもてなしなどにも目を向け、場合によっては店主の「こだわり」にも面白がる心の余裕が必要なように思われる。
なお、本書発行にあたっては、そばに関連する様々な文献に目を通すとともに、地域おこしやまちづくりとの関連で特徴のある事例をみるため、北海道や山形を訪問し、地域で活躍されている方々の話を聞いた。お世話になった方々に心から感謝の意を表したい。

二〇一六年十月

クリエイティブ・ユニット
エコハ出版代表　鈴木　克也

（参考文献）

・『蕎麦の世界』新島　繁　著　柴田書店　一九八五年
・『蕎麦全書伝』新島　繁・藤村　和夫　編　ハート出版　二〇〇六年
・『蕎麦の事典』新島　繁　著　講談社　二〇一一年
・『蕎麦屋の系図』岩崎　信也　著　荻原出版　二〇一一年
・『そば打ちの哲学』石川　文康　著　筑摩書房　二〇一三年
・『図説江戸時代　食生活事典』日本風俗史学会編　雄山閣出版　一九七八年
・『守貞謾稿』喜多川守貞　著：朝倉治彦等　編　東京堂出版　一九九二年
・『娯楽の江戸　江戸の食生活』三田村鳶魚　著　中央公論社　一九九七年
・『日本の食風土記』市川健夫　著　白水社　一九九八年
・『一日江戸人』杉浦日向子　著　新潮社　二〇〇五年

・『史上最強カラー図解』大石学　編　ナツメ社　二〇〇九年
・『江戸物価事典』小野武雄　編著　展望社　二〇〇九年
・『そばの絵本』服部　隆　監修　社団法人　高山漁村文化協会　二〇〇六年
・『そば通』村瀬忠太郎　著　東京書房社　一九八六年
・『地域活性化の理論と実践』鈴木克也　編　エコハ出版　二〇一〇年
・『板そば手打ちの技術』　旭屋出版
・『そば・うどん（季刊）』柴田書房
・『日本一の蕎麦』サライ二〇一六年六月号
・『ベストオブ麺』　えい出版

（アクティブ・エイジングシリーズ）『シニア起業家の挑戦』2014年3月2000円	高齢になってもアクティブにはたらき続けるために『シニア起業家』の道もな選択肢である。資金や体力の制約もあるが、長い人生の中で培われた経験・ノウハウネットワークを活かして自分にしかできないやりがいのある仕事をつくり上げたい。
（地域活性化シリーズ）『地域のおける国際化』2014年8月	函館の開港は喜んで異文化を受け入れることによって、地域の国際化におおきな役割を果たした。その歴史が現在でも息づいており、今後の年のあり方にも大きな影響を与えている。これをモデルに地域国際化のあり方を展望する。
コンピュータウイルスを無力化するプログラム革命（LYEE）2014年11月	プログラムを従来の論理結合型からデータ結合型に変えることによってプログラムの抱えている様々な問題を克服できる。プログラムの方法をLYEEの方式に変えることにより、今起こっているウイルスの問題を根本的に解決できる。
（農と食の王国シリーズ）『柿の王国～信州・市田の干し柿のふるさと』2015年1月	市田の干し柿は恵まれた自然風土の中で育ち、日本の柿の代表的な地域ブランドになっている。これを柿の王国ブランドとして新たな情報発信をしていくことが求められている。
「農と食の王国シリーズ）『山菜の王国』2015年3月	山菜は日本独特の四季の女木身を持った食文化である。天然で多品種少量の産であるため一般の流通ルートに乗りにくいがこれを軸に地方と都会の新しいつながりをつくっていこうとの思いから刊行された。
（コミュニティブックス）『コミュニティ手帳』２０１５年９月	人と人をつなぎ都市でも地域でもコミュニティを復活することが求められている。昔からあったムラから学び、都市の中でも新しいコミュニティをつくっていくための理論と実践の書である。
（地域活性化シリーズ）『丹波山通行ッ手形』2016年5月	２０００ｍ級の山々に囲まれ、東京都の水源ともなっているる丹波山は山菜の宝庫でもある。本書では丹波山の観光としての魅力を紹介するとともに、山菜を軸とした地域活性化の具体的方策を提言している。

（目的）

現在地域や社会で起こっている様々な問題に対して新しい視点から問題提起するとともに、各地での取り組み先進的事例を紹介し、実践活動に役立てていただきたいということで設立された。出版方式としてもは部数オンデマンド出版という新しい方式をし、採用した。今後も速いスピードで出版を続けていく予定である。

（法人組織）

企業組合クリエイティブ・ユニッ(〔代表鈴木克也）

（本社所持地）

神奈川県鎌倉市浄明寺４－１８－１１
（電話・FAX）0467－２４－２７３８
（携帯電話：鈴木克也）090－2547-5083

エコハ出版の本

『環境ビジネスの新展開』2010年6月　2000円	日本における環境問題を解決するためには市民の環境意識の高揚が前提であるが、これをビジネスとしてとらえ、継続的に展開していく仕組みづくりかが重要なことを問題提起し、その先進事例を紹介しながら、課題を探っている。
『地域活性化の理論と実践』2010年10月　2000円	最近地域が抱えている問題が表面化しているが、地方文化の多様性こそが日本の宝である。今後地域の活性化のためは、「地域マーケティング」の考え方を取り入れ、市民が主体となり、地域ベンチャー、地域産業、地域のクリエイターが一体となって地域資源を再発見し、地域の個性と独自性を追求すべきだと提唱している
『観光マーケティングの理論と実践』2011年2月　2000円	観光は日本全体にとっても地域にとっても戦略的なテーマである。これまでは観光関連の旅行業、宿泊業、交通業、飲食業などがバラバラなサービスを提供してきたがこれからは「観光マーケティング」の考え方を導入すべきだと論じている。
『ソーシャルベンチャーの理論と実践』2011年6月　2000円	今、日本で起こっている様々な社会的な問題を解決するにあたって、これまでの利益追求だけのシステムだけでなく、ボランティア、NPO法人、コミュニティビジネスを含む「ソーシャルベンチャー」の役割が大きくなっている。それらを持続的で効果のあるものとするための様々な事例について事例研究している。
『アクティブ・エイジング～地域で活躍する元気な高齢者』2012年3月　2000円	高齢者のもつ暗いイメージを払拭し、高齢者が明るく元気に活躍する社会を構築したい。そのための条件をさぐるため函館地域で元気に活躍されている10人の紹介をしている。今後団塊の世代が高齢者の仲間入りをしてくる中で高齢者が活躍できる条件を真剣に考える必要がある。
山﨑文雄著『競争から共生へ』2012年8月　2000円	半世紀にわたって生きものに向きあってきた著者が、生きものの不思議、相互依存し、助けあいながら生きる「共生」の姿に感動し、人間や社会のあり方もこれまでの競争一辺倒から「共生」に転換すべきだと論じている。
『ソーシャルビジネスの新潮流』2012年10月　2000円	社会問題解決の切り札としてソーシャルビジネスへの期待が高まっているが、それを本格化するためにはマネジメントの原点を抑えることとそれらを支える周辺の環境条件が重要なことを先進事例を紹介しながら考察する。
堀内伸介・片岡貞治著『アフリカの姿　過去・現在・未来』2012年12月（予定）2000円	アフリカの姿を自然、歴史、社会の多様性を背景にしてトータルで論じている。数十年にわたってアフリカの仕事に関わってきた著者達が社会の根底に流れる、パトロネジシステムや政治経済のガバナンスの問題と関わらせながらアフリカの過去・現在・未来を考察している。
（アクティブ・エイジングシリーズ）『はたらく』2013年7月　2000円	高齢になっても体力・気力・知力が続く限りはたらき続けたい。生活のためにやむなく働くだけでなく自分が本当にやりたいことをやりたい方法でやればいい。特に社会やコミュニティ、ふるさとに役立つことができれば本人の生きがいにとっても家族にとっても、社会にとっても意味がある。事例を紹介しつつそれを促進する条件を考える。
風間　誠著『販路開拓活動の理論と実践』2013年11月　1600円	企業や社会組織の販路開拓業務を外部の専門家にアウトソーシングするにあたって、その戦略的意義と手法について、著者の10年にわたる経験を元に解説している。

農と食の王国シリーズ
そば&まちづくり

2016年11月 8日　初版発行
2017年 1月16日　第3版発行

編著　鈴木 克也

定価（本体価格2,000円+税）

発行所　エコハ出版（クリエイティブ・ユニット）
〒248-0003 神奈川県鎌倉市浄明寺4-18-11
TEL 0467 (24) 2738
FAX 0467 (24) 2738

発売所　株式会社　三恵社
〒462-0056 愛知県名古屋市北区中丸町2-24-1
TEL 052 (915) 5211
FAX 052 (915) 5019
URL http://www.sankeisha.com

ISBN978-4-86487-589-9 C1060 ¥2000E